Ceyda Aksoy Tırmıkçı
Cenk Yavuz

Yüksek Verimli ve Akıllı Fotovoltaik Sistem Tasarımı

Ceyda Aksoy Tırmıkçı
Cenk Yavuz

Yüksek Verimli ve Akıllı Fotovoltaik Sistem Tasarımı

Türkiye Alim Kitapları

Impressum / Yayınevi adı
Bibliografische Information der Deutschen Nationalbibliothek: Die Deutsche Nationalbibliothek verzeichnet diese Publikation in der Deutschen Nationalbibliografie; detaillierte bibliografische Daten sind im Internet über http://dnb.d-nb.de abrufbar.

Deutsche Nationalbibliothek tarafından yayınlanan bibliyografik bilgiler: Deutsche Nationalbibliothek, bu yayını Deutsche Nationalbibliografie'de listeler; detaylı bibliyografik bilgi İnternet'te http://dnb.d-nb.de sitesinde mevcuttur.

Coverbild / Kitap kapağı resmi: www.ingimage.com

Verlag / Yayıncı:
Türkiye Alim Kitapları
ist ein Imprint der / yayınevinin bir ticari markasıdır
OmniScriptum GmbH & Co. KG
Heinrich-Böcking-Str. 6-8, 66121 Saarbrücken, Deutschland / Almanya
Email / E-posta: info@turkiye-alim-kitaplary.com

Herstellung: siehe letzte Seite /
Basım yeri: son sayfaya bakın
ISBN: 978-3-639-67144-5

Zugl. / Approved by: Sakarya,Sakarya Üniversitesi, Yüksek Lisans Tezi, 2013

İçindekiler

Bölüm 4.

Bölüm 5.

Önsöz

Dünya nüfusunun hızla arttığı, teknolojinin hızla geliştiği çağımızın en büyük problemlerinden biri, artan enerji tüketimi ve buna bağlı olarak artan sera gazı salınımıdır. Temelinde fosil kaynaklara olan bağımlılık bulunan bu problemin iki çözüm yolu vardır: Enerji tüketimini azaltmak ve yenilenebilir enerji kaynaklarına yönelmek.

Teknolojinin imparatorluğunu kurduğu bir dünyada enerji tüketimini, enerji kaynağı problemini çözebilecek kadar azaltmak mümkün değildir. Bu seçenek sadece bu problemin çözümüne yardımcı olabilir. Bu durumda yenilenebilir enerji kaynaklarına yönelmek bir seçenek değil, bir zorunluluktur.

Sakarya Üniversitesi Bilimsel Araştırma Koordinatörlüğü'nün desteklediği 2012-50-01-064 numaralı bu çalışmada (Sakarya, Sakarya Üniversitesi, yüksek lisans tezi, 2013) yenilenebilir enerji kaynaklarından olan güneş enerjisinin daha verimli kullanılabilmesi için yüksek verimli ve akıllı bir fotovoltaik sistem tasarımı yapılmıştır.

Uzun bir literatür taraması ve tasarım aşamasından oluşan çalışmam boyunca bana fikirleriyle ve bilgisiyle her aşamada destek olan değerli hocam Yrd. Doç.Dr. Cenk Yavuz'a, tasarımımı gerçeklemem için bana maddi destek sağlayan Sakarya Üniversitesi Bilimsel Araştırma Koordinatörlüğü'ne ve çalışmamın fikir aşamasından bitim aşamasına kadar benden zamanlarını, desteklerini ve bilgilerini esirgemeyen sevgili eşim Erkan Tırmıkçı ile sevgili arkadaşlarım Çağrı Uygun ve Gürkan Tırmıkçı'ya sonsuz teşekkürler...

Simgeler ve Kısaltma Listesi

kHz	: Kilohertz
W	: Watt
kW	: Kilowatt
MW	: Megawatt
kWh	: Kilowatt saat
m^2	: Metrekare
Wp	: Watt peak (tepe)
Ms	: Milisaniye
Km	: Kilometre
Mm	: Milimetre
km/h	: Kilometre/saat
N	: Newton
HRA	: Saat açısı
PV	: Fotovoltaik
PLC	: Programlanabilir mantık ünitesi
LCD	: Likit kristal gösterge
ADC	: Analog dijital çevirici
GPS	: Küresel Yer Belirleme Sistemi
PIC16F877A	: Mikrodenetleyici
DS1302	: Gerçek zaman entegresi
MOSFET	: Metal oksit yarıiletken alan etkili transistör
Op-amp	: İşlemsel kuvvetlendirici
CPU	: Merkezi işlemci birimi
RAM	: Rastgele erişimli bellek
EEPROM	: Silinip programlanabilir salt okunur bellek
BCD	: Binary coded decimal

AC	: Alternatif akım
DC	: Doğru akım
Dec	: Deklinasyon
Azı	: Azimut
Lat	: Enlem
Alt	: Yükseklik
Ppm	: Milyonda bir birim
Btu	: Kalorinin 250 katı

Şekiller Listesi

Tablolar Listesi

Bölüm 1. Giriş

Türkiye'de ve dünyada her geçen gün enerjiye duyulan ihtiyaç artmaktadır. Öyle ki dünya enerji tüketimi 2005 yılında 462 katrilyon btu iken bu rakamın 2030 yılında %50 artarak 695 katrilyon btu olması beklenmektedir. Yaygın olarak kullanılan enerji kaynakları olan fosil yakıtların giderek azalması ve kullanımları sırasında açığa çıkan sera gazlarının çevreye zarar veriyor olması, enerji tasarrufu tedbirleri alınmasını ve alternatif enerji kaynakları olan yenilenebilir enerji kaynaklarına yönelimi zorunlu hale getirmiştir.

Yenilenebilir enerji kaynakları, sürekli devam eden doğal süreçlerdeki var olan enerji akışından elde edilen enerjidir. Bu kaynaklar güneş ışığı, rüzgar, akan su, biyolojik süreçler ve jeotermal olarak sıralanabilir. En genel olarak, yenilenebilir enerji kaynağından alınan enerjiye eşit oranda veya kaynağın tükenme hızından daha çabuk bir şekilde kendini yenileyebilmesi ile tanımlanır. Yenilenebilir enerji kaynakları doğrudan kullanılabilir veya enerjinin bir başka şekline dönüştürülebilir. Direkt kullanım örnekleri, güneş enerjisi ile çalışan aletler, jeotermal ısıtma veya rüzgar değirmenleridir. En direkt kullanıma örnek olarak ise, elektrik üretiminde kullanılan rüzgar türbinleri veya fotovoltaj pilleri verilebilir.

Güneş enerjisi, güneş ışığından enerji elde edilmesine dayalı bir teknolojidir. Güneşin yaydığı ve dünyamıza da ulaşan enerji, güneşin çekirdeğinde yer alan füzyon süreci ile açığa çıkan ışınım enerjisidir. Dünya atmosferinin dışında güneş ışınımının şiddeti, aşağı yukarı sabit ve 1370 W/m^2 değerindedir, ancak yeryüzünde 0-1100 W/m^2 değerleri arasında değişim gösterir. Bu enerjinin dünyaya gelen küçük bir bölümü dahi, insanlığın mevcut enerji tüketiminden kat kat fazladır. Güneş enerjisinden yararlanmak için yapılan çalışmalar özellikle 1970'lerden sonra hız kazanmış, güneş enerjisi sistemleri teknolojik olarak ilerleme ve maliyet bakımından düşme göstermiş, güneş enerjisi çevresel olarak temiz bir enerji kaynağı olarak kendini kabul ettirmiştir. Buna rağmen güneş sistemlerinin kurulum maliyeti yüksek ve sistem verimi düşük olduğundan güneş enerjisi henüz çoğunlukça tercih edilen ilk alternatif değildir.

Güneş izleme sistemleri ile verim artırılarak güneş sistemleri yaygınlaştırılabilir. Güneş izleme sistemleri tek eksen izleyici ve iki eksen izleyici olarak tasarlanabilir. Tek eksen izleyiciler sistem verimini %20 oranında artırırken, iki eksen izleyiciler %40 oranında artırabilir. Güneş izleyicilerin verimi bu oranda artırmaları için güneşin konumunu her koşulda doğru bir şekilde izlemeleri gerekir. Güneş izleyiciler sensörlü ve sensörsüz olmak üzere iki şekilde tasarlanabilir. Sensörlü izleyicilerde sistem hareketi sensörden alınan sinyale göre belirlenir. Sensörden alınan sinyal sisteme kesin bir yön verir ve güneşin doğru bir şekilde izlenmesini sağlar. Ancak bulutlu havalarda sensörler yanlış sinyal üretebilir. Bununla beraber hava koşullarıyla ve zamanla sensörler zarar görebilirler. Bu nedenle belirli aralıklarla kontrol edilmeli ve gerektiğinde değiştirilmelidir. Sensörsüz izleyicilerde ise sistem hareketini mikrodenetleyiciye gömülmüş güneşin konumunu hesaplayan farklı matematik denklemleri belirler.

Bu çalışmanın amacı sensör kullanmadan güneşi takip etmek ve oluşturulan kontrol algoritmasında sadece enlem değerini değiştirerek her ülkede, her şehirde çalışabilen bir sistem tasarlayarak enerji tasarrufu sağlamak ve sera gazı salınımının azalmasına katkı sağlayabilmektir.

Bölüm 2. Yüksek Verimli ve Akıllı Fotovoltaik Sistem Tasarımı

Bu bölümde 1.Bölüm'de anlatılan yenilenebilir enerji kaynakları, Türkiye'de ve dünyada güneş enerjisinin durumu ve güneş izleyicilere ilişkin, bugüne kadar yapılmış, literatürde önemli yer kaplayan ve öne çıkmış olan çalışmalar incelenmiştir. Yapılan çalışmaların ışığında tezin amacı, kapsamı ve yöntemi belirlenmiştir.

2.1. Literatür Taraması

2.1.1. Enerji ve enerji kaynakları

Güneş pilleri, yarıiletkenlerin fotovoltaik etki özelliğini kullanarak, güneş ışığından elektrik enerjisi üretirler. Güneş pilleri, kurulan sisteme bağlı olarak birkaç kW'dan birkaç MW'a kadar elektrik üretebilir. Bir güneş pili; aktif fotovoltaik malzeme, metal ızgaralar, yansımayı önleyici tabakalar ve destekleme malzemesinden oluşur. Tamamlanmış bir güneş pili, güneş pili içerisine giren güneş ışığını maksimum yapmak ve pilden en yüksek verimi elde etmek için optimize edilmektedir. Güneş pilleri ve bağlantı telleri kırılgan ve aynı zamanda, nem ve uygulanacak baskı ile kolayca aşınabilecek bir yapıdadır. Tek bir güneş pilinin gerilimi 0,5 V civarındadır, bu nedenle çoğu uygulamada yeterli olmamaktadır [1].

Fotovoltaik modüller,güneş pillerinin paralel veya seri olarak bağlanması ile elde edilirler. İki güneş pili paralel bağlandığında, voltaj sabit kalırken akım iki katına çıkar, seri bağlandığında ise, akım sabit kalırken, voltaj iki katına çıkar. Bu şekilde, gerilimi 14-16 volta çıkarmak mümkündür. Fotovoltaik modüller, sert dış ortam şartları için tasarlanmaktadır. Güneş pillerinin ve elektriksel bağlantıların dış ortamdan korunması için modüller kapsüllenirler. Fotovoltaik paneller,fotovoltaik modüllerin, paralel veya seri olarak bağlanması ile elde edilirler. Bu şekilde 12-600 V arasında gerilim elde etmek mümkünolabilmektedir [1].

Türkiye dünya üzerinde 36° -42° kuzey enlemleri ile 26° -45° doğu boylamları arasında bulunmaktadır. Türkiye, coğrafi konumu nedeniyle sahip olduğu güneş enerjisi potansiyeli açısından birçok ülkeye göre şanslı durumdadır. Elektrik İşleri Etüt İdaresi (EDE) tarafından, 1966-1982 yıllarında Devlet Meteoroloji İşleri Genel Müdürlüğü (DMD) tarafından ölçülen güneşlenme süresi ve ışınım şiddeti verilerinden de yararlanılarak yapılan çalışmaya göre, Türkiye'nin ortalama yıllık toplam güneşlenme süresi 2640 saat (günlük toplam 7,2 saat), ortalama toplam ışınım şiddeti yılda 1311 kWh/m^2 (günlük toplam 3,6 kWh/m^2) olduğu tespit edilmiştir. Güneş Enerjisi potansiyeli 380 milyar kWh/yıl olarak hesaplanmıştır. Bu potansiyel, toplam 56.000 MW kurulu güce sahip doğal gaz çevrim santrali elektrik enerjisi üretimine eşdeğerdir [2]. Ancak Türkiye'de güneş enerjisi uygulamaları elektrik şebekesinin olmadığı, yerleşim yerlerinden uzak yerlerde sinyalizasyon, kırsal elektrik ihtiyacının karşılanması gibi uygulamalarla sınırlıdır. Bunun sebebi ise güneş enerjisi ile elektrik üretiminin pahalı olmasıdır.

Güneş enerjisinden üretilen elektrik fiyatları 30 cents/kWh civarındadır ve bu rakam, konut elektrik tarifesinin 2-5 katı kadardır. Güneş enerjisi endüstrisini, elektrik üretimi içerisinde gerçek anlamda düşünmek için, kurulmuş güneş sistemlerinin maliyetlerinin 8-10$/Wp'dan 3$/Wp'e (başka bir deyişle 30 cents/kWh'den 10 cents/kWh'e) düşürülmesi ve verimlerinin artırılması gerekmektedir [3,4].

2.1.2. Akıllı fotovoltaik sistemler

Suriye Atomik Enerji Komisyonunda yapılan çalışmada PLC ünitesi ile kontrol edilen bir tek eksen güneş izleyicili sistem tasarımı yapılmış ve bu sistem sabit bir sistem ile karşılaştırılmıştır. Oluşturulan tek eksen güneş izleyicili sistemin hareketi, PLC ünitesinin foto rezistörlerden gelen verilere göre motora yön vermesi ile sağlanmıştır. Bu sistemden elde edilen elektriksel güç, sabit sistemden elde edilen elektriksel güç ile karşılaştırılmış, tek eksen güneş izleyicili sistemin sabit sisteme göre %20 daha verimli olduğu gözlenmiştir [5].

Brezilya'da yapılan çalışmada sensör tabanlı bir iki eksen izleyicili sistem tasarımı yapılmış ve sistem kurulum maliyeti mininize edilmiştir. Oluşturulan iki eksen güneş izleyicili sistemin hareketi, mikrodenetleyicinin pyrheliometreden (güneş ölçer) gelen verilere göre iki adet step motora yön vermesi ile sağlanmıştır. Bu sistemden elde edilen elektriksel güç, benzer özelliklere sahip fakat daha maliyetli olan bir sistemden elde edilen elektriksel güç ile karşılaştırılmış ve iki sistemin aynı verim ile çalıştığı gözlemlenmiştir [6].

Portekiz'de yapılan çalışmada güneş haritaları tabanlı sensörsüz iki eksen izleyicili bir sistem tasarımı yapılmıştır. Kontrol programı Portekiz'in güneş haritasının parçalara ayrılıp formüle edilmesi ile oluşturulmuş ve oluşturulan bu program düşük güçlü bir mikrodenetleyiciye gömülmüştür. Oluşturulan iki eksen güneş izleyicili sistemin hareketi, iki adet AC motor ile sağlanmış ve panelin minimum ve maksimum noktalardaki hareketi dört adet sensör ile sınırlanmıştır [7].

Kanada'da yapılan çalışmada güneş denklemleri tabanlı sensörsüz iki eksen izleyicili bir sistem tasarımı yapılmıştır. Yapılan çalışmada güneşin konumunun matematiksel olarak hesaplanarak mikroişlemciye aktarılması ile açık döngülü bir kontrol sistemi oluşturulmuştur. Oluşturulan iki eksen güneş izleyicili sistemin hareketi, bir dc motor ve bir lineer aktüatör ile sağlanmıştır [8].

İtalya'da yapılan çalışmada güneş denklemleri tabanlı sensörsüz iki eksen izleyicili bir sistem tasarımı yapılmıştır. Yapılan çalışmada GPS ile sistemin bulunduğu konumun enlem ve boylam değerleri alınarak güneşin konumu hesaplanmış ve bu değerler CS012 kartında panelin konumu ile karşılaştırılmıştır. Sistem hareketi CS012 kartından gelen verilere göre sürücü motorlar ile sağlanmıştır [9].

Romanya'da yapılan çalışmada bir eksen pseudo ekvatoral, bir eksen azimut, iki eksen pseudo ekvatoral ve iki eksen azimut izleyicili güneş sistemleri karşılaştırılmıştır. Yapılan çalışma küçük PV platformlar için bir eksen pseudo ekvatoral izleyicili güneş sisteminin, büyük PV platformlar için iki eksen azimut izleyicili güneş sisteminin en verimli seçenekler olduğunu göstermiştir [10].

Ürdün'de yapılan çalışmada PLC ünitesi ile kontrol edilen tek eksen azimut izleyicili bir sistem tasarımı yapılmıştır. Oluşturulan sistemde günışığı dört dilime ayrılmış ve bu dilimler formüle edilerek PLC ünitesine aktarılmıştır. PLC ünitesi bu denklemlerden gelen konum ile panelin konumunu karşılaştırarak lineer aktüatörlere yön vermiş ve sistem hareketini sağlamıştır. Bu sistemden elde edilen elektriksel güç, sabit bir sistemden elde edilen elektriksel güç ile karşılaştırılmış ve tek eksen azimut izleyicili sistemin, sabit sisteme göre %22 daha verimli olduğu gözlenmiştir [11].

İngiltere'de yapılan çalışmada tek eksen izleyicili bir sistem önce Matlab ile simülasyon ortamında tasarlanmış, analiz edilmiş ve daha sonra gerçeklenmiştir. Simülasyon ortamında elde edilen sonuçlar ile gerçeklenen sistemin sonuçları birbiri ile örtüşmüş ve tek eksen izleyicili sistemin verimi sabit sistemin veriminden daha yüksek hesaplanmıştır [12].

Türkiye'de yapılan çalışmada Türkiye'nin sekiz büyük şehri için sabit sistemlerin maksimum verim ile çalışması için yerleştirilmesi gereken optimumeğim açıları ve alınan ortalama güneş radyasyonu hesaplanmıştır [13].

Malezya'da yapılan çalışmada bütün izleyici sistemlerde kullanılabilen, genel bir eksen izleme formülü çıkarılmıştır. Bu formül eksen izleyici sistemlerde oluşan hataları, hata faktörü ile minimize etmek üzere koordinat transformu yöntemi ile oluşturulmuştur [14].

Slovenya'da yapılan çalışmada güneş radyasyonu ve fark eşitliği kullanılarak güneş açıları için optimizasyon yapılmıştır. Optimizasyon için güneş radyasyonu, güneş hücreleri, DC/DC evirici ve çeviriciler modellenmiştir. Bu yeni yöntem ile panel üzerinde biriken toplam güneş radyasyonu zamana bağlı olarak tahmin edilmiş ve bu radyasyon değerine karşılık gelen güneş açıları hesaplanmıştır [15].

Türkiye'de yapılan çalışmada iki eksen izleyicili sistem ile sabit bir sistemin yıllık elektriksel güçleri ölçülmüş ve karşılaştırılmıştır. Yapılan çalışmada iki eksen izleyicili sistemin yıllık olarak sabit sistemden %30.79 daha verimli olduğu gözlenmiştir. Gerçek sistemlerle yapılan bu analiz simülasyon ortamında da yapılmıştır. Elde edilen sonuçlar %5'ten az değişmiştir [16].

Ürdün'de yapılan çalışmada iki eksen izlemenin güneş fırınları üzerindeki etkisi incelenmiştir. Yapılan çalışmada güneş radyasyonunu emen bir tabak tasarlanmış ve bu tabağın ortasına bir tava sabitlenmiştir. Tabağın güneşi iki eksen izlediği sistemde tavanın sıcaklığının, maksimum sıcaklığın 32° olduğu bir günde, 93° ve üzerine ulaştığı gözlenmiştir [17].

Türkiye'de yapılan çalışmada tek eksen izleyicili bir sistem tasarlanmış ve oluşturulan sistemin Türkiye'de güneş enerjisi uygulamalarında oluşturabileceği etkiler araştırılmıştır. Yapılan çalışmada 14 adet güneş panelinin bir dc motor ile doğu ve batı yönünde hareketi sağlanmıştır. Sistem hareketi birbirine seri bağlı foto rezistör değerlerinin karşılaştırılması ile belirlenmiş ve alınan değerler RS 485 seri bağlantısı ile bilgisayara aktarılarak kontrol edilmiştir [18].

İtalya'da yapılan çalışmada foto diyot teknolojisi temelli akıllı, panelin enerjisini her an kontrol edebilen bir sensör geliştirilmiş ve bu sensör ile eksen izleyicili bir prototip oluşturulmuştur. Oluşturulan prototip test edilmiş ve iyi bir performans gösterdiği gözlenmiştir [19].

Türkiye'de yapılan çalışmada 37,6° enlem değeri için bir yıllık bir periyotta güneşin konumu belirlenmiş ve bir PLC ünitesi ile kontrol edilen iki eksen izleyicili bir sistem tasarlanmıştır. Bu sistemden elde edilen elektriksel güç ile sabit bir sistemden elde edilen güçler kaydedilmiş ve iki eksen izleyicili sistemin sabit sisteme göre %42.6 daha verimli olduğu gözlenmiştir [20].

Bağdat'ta yapılan çalışmada düşük maliyetli, otomatik bir güneş izleyicili sistem tasarlanmıştır. Bu çalışmada güneş izleyicili sistem tasarımının yanında maksimum güç izleyicili sistem tasarımı da yapılmıştır. Güneş izleyicili sistem gerçeklenmiştir ve sistem hareketi foto rezistörlerden gelen verilere göre mikrodenetleyicinin motorlara yön vermesi ile sağlanmıştır. Maksimum güç izleyicili sistem ise simülasyon ortamında tasarlanmıştır. Oluşturulan iki sistem de sabit bir sistem ile karşılaştırılmış, izleyicili sistemlerin sabit sistemden daha verimli olduğu gözlenmiştir [21].

Tayvan'da yapılan çalışmada 20 yıldır geliştirilen ve güneş izleyicili sistemlerde kullanılan değişik algoritmalar incelenmiştir. Genel olarak açık çevrim ve kapalı çevrim olarak sınıflandırılan bu algoritmaların kontrol yöntemleri, performansları, avantajları ve dezavantajları tartışılmıştır [22].

Malezya'da yapılan çalışmada 25 m^2 yüzeye sahip bir panel ile iki eksen izleyicili bir sistem tasarlanmış ve tasarlanan sistemin hareketleri video kamera ile kaydedilmiştir. Kaydedilen görüntülerden takip edilen güneş açıları gerçek değerleri ile karşılaştırılmış ve hata oranı hesaplanmıştır. Hesaplanan hata oranına göre genel formüldeki parametrelerle oynanarak açıların hata oranı azaltılmıştır [23].

Cezayir'de yapılan çalışmada iki eksen izleyicili bir sistem tasarlanmış ve sabit bir sistemle karşılaştırılmıştır. Çalışmanın amacı izleyicili sistemlerin, sabit sistemlerden daha verimli olduğunu göstermektir. İzleyicili sistem hareketi, foto diyotlardan alınan voltaj bilgisine göre sinyal üreten LM 324 op-ampı ile sağlanmıştır. Oluşturulan sistem ve sabit sistem sabah, öğle ve akşam saatlerinde gözlenmiş ve izleyicili sistemin sabit sisteme göre %28 daha verimli olduğu görülmüştür [24].

Türkiye'de yapılan çalışmada, tek eksen izleyicili bir sistem tasarlanmış ve bu sistem Van ilinin su ısıtma ve sokak aydınlatması için gerekli olan enerjinin karşılanması için kullanılmıştır. Sistem, gücü 5kW olan bir ev için tasarlanmıştır. İzleyicili sistem hareketi, foto diyotlardan alınan voltaj bilgisine göre sinyal üreten LM 741 op-ampı ile sağlanmıştır. Oluşturulan sistemden elde edilen elektriksel güç, sabit bir sistemden elde edilen elektriksel güç ile karşılaştırılmış ve izleyicili sistemin sabit sistemden %29 daha verimli olduğu gözlenmiştir [25].

Irak'ta yapılan çalışmada akıllı röle tabanlı, iki eksen izleyicili bir sistem tasarımı yapılmıştır. İzleyicili sistem hareketi, foto diyotlardan alınan voltaj bilgisine göre devreye alınan röleler ile sağlanmıştır. Oluşturulan sistemden elde edilen elektriksel güç, sabit bir sistemden elde edilen elektriksel güç ve tek eksen izleyicili bir sistemden elde edilen elektriksel güç ile karşılaştırılmıştır. Yapılan analiz sonunda iki eksen izleyicili sistemin sabit sistemden %42, tek eksen izleyicili sistemden %1 daha verimli olduğu görülmüştür [26].

Hindistan'da yapılan çalışmada, bilgisayar tabanlı bir tek eksen izleyicili sistem tasarlanmış ve maksimum verim amaçlanmıştır. İzleyicili sistem hareketi, foto sensörden aldığı radyasyon bilgisine göre step motorlara yön veren bilgisayar ile sağlanmıştır. Oluşturulan sistemin açık günlerde verimli çalıştığı ancak kapalı günlerde foto sensörden alınan bilgi yeterli olmadığı için istenilen verimde çalışmadığı gözlenmiştir [27].

Portekiz'de yapılan çalışmada güneş açılarını günlük hesaplayan, gölgeleme faktörlerini minimize eden ve çoklu sistemler için sistemlerin birbirlerini etkilememesi için bulunmaları gereken optimum pozisyonları belirleyen eksen izleyicili bir sistem modellemesi yapılmıştır. 3x3 dizili bir panel ile bir sistem modellenmiş ve optimize edilmiştir. Optimize edilen sistem ile optimize edilmemiş aynı özelliklere sahip iki sistem karşılaştırılmış ve optimize edilen sistemin daha verimli olduğu görülmüştür [28].

Amerika'da yapılan çalışmada maksimum güç izleyicili sistemlerin hızını ve verimini artırmak için yeni bir yöntem geliştirilmiştir. İzle ve yakala yöntemi (P&O), maksimum güç izleyicili sistemlerin genel yöntemi olarak kabul edilir. Ancak bu yöntem değişken çevre koşullarında verimli uygulanamaz. Bu çalışmada maksimum güç izleyicileri değişken çevre koşullarında da hızlı ve verimli kullanabilmek için bir algoritma oluşturulmuştur [29].

Tayvan'da yapılan çalışmada iki eksen izleyicili bir sistem tasarımı yapılmıştır. Sistem hareketi foto sensörden aldığı radyasyon bilgisine göre çift eksenli AC motora yön veren op-amp ve röleler ile sağlanmıştır. Oluşturulan sistemden alınan elektriksel güç ve sabit bir sistemden alınan elektriksel güç kapalı bir günde karşılaştırılmış ve izleyicili sistemin %28.31 daha verimli olduğu gözlenmiştir [30].

2.1.3. Güneş izleyicili sistemler için güneş açıları

Steven Szokolay yaptığı çalışmada, güneş ve dünya arasındaki geometrik ilişkiyi açıklamıştır. Bu çalışmada güneş yükseklik açısı, güneş azimut açısı, güneş zenit açısı, güneş deklinasyon açısı, güneş saat açısı, gündoğumu yükseklik açısı, gündoğumu azimut açısı, günbatımı yükseklik açısı, günbatımı azimut açısı, gölgeleme açıları gibi güneş açıları formüle edilmiş ve birbirleriyle olan ilişkileri tartışılmıştır. Bu çalışmanın amacı güneş sistemleri tasarımları için gerekli olan açıların belirlenmesi ve tasarımlara yol göstermektir [31].

C.S.Yung ve F.L.Lansing yaptıkları çalışmada verilen herhangi bir konum ve herhangi saat için güneş pozisyon vektörünü hesaplamıştır. Kuzey ve güney yarımküre enlemleri farklı mevsimler ve aralarındaki muhtemel farklar için hesaplanmıştır. Bu çalışmanın amacı, Deep Space Network Energy Conservation Project için yapılan güneş-termal elektrik sistemleri projesine ve güneş takibi yapmak isteyen benzer projelere yol göstermektir [32].

Hindistan'da yapılan çalışmada panel eğim açısını teorik denklemlere dayalı olarak on farklı merkez için belirlemiş ve eğim açısının değiştirerek sistem veriminin nasıl artırılabileceğini göstermiştir. Hint merkezler için hesaplamalar yatay eksende ölçülen aylık güneş radyasyonuna göre yapılmıştır. Diğer merkezler için ise ortalama güneş radyasyonuna bağlı olarak yapılmıştır. Yapılan çalışmada eğim açısın mevsimsel olarak senede dört defa değiştirilmesi ile optimum enerjinin elde edilebileceği gösterilmiştir [33].

Amerika'da yapılan çalışmada eğim açısının güneş sistemlerinin verimi üzerindeki etkisi araştırılmıştır. Amerika'da iki şehir için ölçümler yapılmış ve eğim açısının farklı enlemlerde nasıl değiştiği gözlemlenmiştir. Yapılan bu çalışmada eğim açısının doğru belirlenmesi ile sistem veriminin %20'e kadar artırılabileceği görülmüştür [34].

Amerika'da yapılan çalışmada azimut açısının güneş sistemlerinin verimi üzerindeki etkisi araştırılmıştır. Yapılan çalışmada yanlış azimut açısı ile hareket eden izleyicilerin verimlerinin %35'e kadar azaldığı gözlenmiştir. Azimut hatasının önlenmesi için tasarlanan sistemlerin güneye dönük kurulması veya tek eksen izleyicilerin sabit bir eğim açısıyla doğu-batı yönünde hareket ettirilmesi önerilmiştir [35].

Mısır'da yapılan çalışmada Mısır'ın Asyut şehri için optimum eğim açısı belirlenmiştir. Günlük güneş radyasyonunu hesaplayan matematiksel bir model oluşturulmuş ve bu model ile güneş açıları belirli bir periyot için günlük olarak belirlenmiştir. Çalışmanın sonuçları Asyut'ta fotovoltaik sistemlerden optimum verimin alınabilmesi için eğim açısının senede 8 defa değiştirilmesi gerektiğini göstermiştir. Bu değişiklik ile yeni sistemden sabit eğimli bir sisteme göre %6.85 daha fazla verim alınmıştır. Benzer şekilde azimut açısının senede 12 defa, eğim açısının 6 defa değiştirilmesi oluşturulan yeni sistemden sabit eğimli bir sisteme göre %29.18 daha fazla verim alınmıştır [36].

2.2. Amaç, Kapsam ve Yöntem

Literatür taraması ile incelenen çalışmalarda da görüldüğü gibi güneş izleyicili sistemler izledikleri eksen sayısı ve izleme metotlarına göre şöyle sınıflandırılabilir:

- Sensörlü izleyicili sistem
- Sensörsüz izleyicili sistem
- Tek eksen izleyicili sistem
- İki eksen izleyicili sistem

Sensörlü izleyicili sistemlerde foto sensörler ile güneş radyasyonu ölçülür ve bu radyasyon değerine göre sistemin kontrol ünitesi (mikrodenetleyici, PLC, op-amp gibi) sistem motorlarına yön verir. Sensörlü sistemlerin kontrolü oldukça kolaydır ve literatürde uygulanmış birçok örneği mevcuttur. Ancak bu sistemler sensör tabanlı olduğundan bakıma ihtiyaç duyar. Sensörler herhangi bir dış faktör nedeniyle kolayca bozulabileceğinden belirli aralıklarla çalışması kontrol edilmelidir. Bu sistemlerin diğer dezavantajı da kapalı havalarda gölge faktörünün yokluğundan dolayı gerçek bir izleme yapamamasıdır [27].

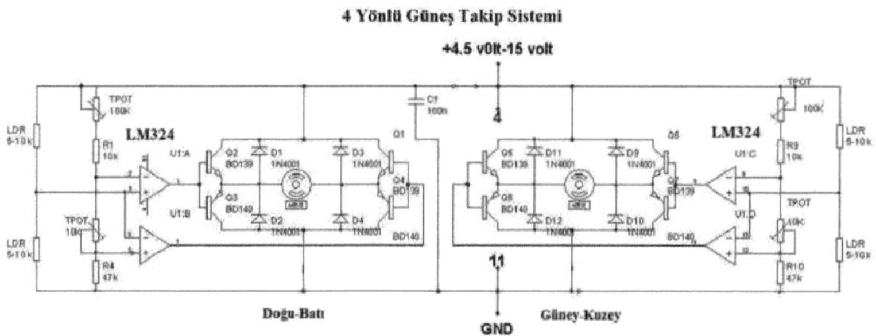

Şekil 2.1. Sensörlü izleyicili sistem örneği

Sensörsüz izleyicili sistemlerde güneşin konumunu hesaplayan matematiksel denklemler kontrol ünitesine gömülür ve kontrol ünitesi panelin konumu ile denklemlerden elde edilen sonuçları karşılaştırarak sistem motorlarına yön verir. Sensörsüz izleyicili sistemler, sensörlü izleyicilere göre daha karmaşıktır ve literatürde bulunan uygulanmış örnek sayısı azdır. Ancak sensörsüz sistemler, sensörlü sistemlere göre daha ekonomiktir, her hava koşulunda verimli çalışır ve uzun süre bakıma ihtiyaç duymaz [8].

Tek eksenli izleyicili sistemlerde hareket edebilen tek bir eksen vardır. Tek eksen izleyiciler; yatay tek eksen izleyiciler, dikey tek eksen izleyiciler, kutba dönük izleyiciler ve eğimli tek eksen izleyiciler olarak sınıflandırılabilir. Yatay tek eksen izleyiciler zemine yatay olarak yerleştirilir. Birden fazla yatay eksen izleyiciyle oluşturulan sistemlerde maliyeti azaltmak için izleyicilerin kazıkları ortaklanabilir. Dikey tek eksen izleyiciler zemine dikey olarak yerleştirilir. Bu izleyiciler doğudan batıya doğru hareket eder ve yüksek enlem değerlerinde yatay eksen izleyicilere göre daha verimli çalışır. Eğimli tek eksen izleyiciler yatay ve dikey eksen arasında hareket eder. Kutba dönük tek eksen izleyiciler ise eğim açısı bölgenin enlemine eşit olan eğimli tek eksen izleyicilerdir.

Çift eksen izleyicili sistemlerde genelde biri diğerinin normali olan hareketli iki eksen vardır. Bu sistemlerde zemini referans alan eksen birincil eksen, diğer eksen de ikincil eksendir. Çift eksen izleyicili sistemler çoğunlukla azimut-yükseklik çift eksen izleyicili sistem olarak tasarlanır. Azimut-yükseklik çift eksen izleyicili sistemlerde birincil eksen zemine diktir. Diğer eksen de birincil eksenin normalidir. Bu sistemlerde sistem eksenler güneşin azimut ve yükseklik açısını takip eder [7,32,36].

Tek eksen izleyicili sistem tasarımı, çift eksen izleyicili sistem tasarımından daha kolay ve daha ekonomiktir. Ancak yapılan çalışmalar iki eksenli izleyicilerin tek eksenli izleyicilerden daha verimli olduğunu göstermiştir [26,36].

Bu çalışmanın amacı uzun süre bakıma ihtiyaç duymadan her ülkede, her şehirde maksimum verimle çalışabilen düşük maliyetli bir sistem tasarlamaktır. Literatür taramasıyla tasarım için amaca en uygun olan sistem, sensörsüz iki eksen izleyicili sistem olarak belirlenmiştir.

2.3. Proje Aşamaları

Sensörsüz iki eksen izleyicili sistemler, güneşi güneşin konumunu belirleyen matematiksel denklemlere göre, kontrol ünitesinin motorlara yön vermesiyle takip eder. Bu sistemlerin tasarımı için ilk olarak en uygun matematiksel denklem seçilmelidir. Matematiksel denklem seçildikten sonra motorlar seçilmeli ve mekanik tasarım yapılmalıdır. Son olarak da kontrol ünitesi ve kontrol yöntemi belirlenmelidir. Dolayısıyla proje dört aşamada tamamlanmalıdır. Bu aşamalar aşağıdaki gibi özetlenebilir:

1. Güneş denklemlerinin belirlenmesi
2. Mekanik tasarım
3. Elektronik tasarım
4. Sistem gerçeklemesi ve montajı

Bölüm 3. Güneş Denklemlerinin Belirlenmesi

Bu bölümde 2.bölümde anlatılan sensörsüz iki eksen izleyicili güneş sisteminin tasarımının ilk aşaması olan güneş konumunu belirleyen güneş denklemleri belirlenmiştir.

3.1. Güneş Açılarının Tanımı

Şekil olarak küresel sayılan dünya 12,700 km çapındadır ve güneşin etrafında eliptik yörüngede hareket eder. Dünya ve güneş arasındaki uzaklık 152 milyon km (1 Temmuz'da) ve 147 milyon km (1 Ocak'ta) değerleri arasında değişir. Dünyanın güneşin etrafındaki tam dönüşü 365.24 gün sürer. Dünyanın dönüş düzlemi ekliptik olarak adlandırılır. Dünyanın dönüş ekseni, ekliptik düzleminin normali ile 23.45° bir açı yapar ve bu açı hiçbir zaman değişmez. Dünyanın ekvator düzlemi ile ekliptik düzlemi arasındaki açı deklinasyon açısı olarak adlandırılır ve -23.45° ile 23.45° arasında değişir [31,32].

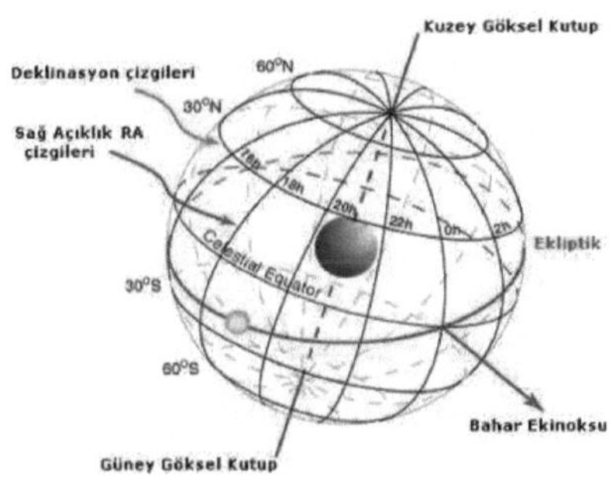

Şekil 3.1. Deklinasyon açısının maksimum ve minimum değerleri aldığı konumlar

Bir noktanın coğrafik enlemi (lat), ekvator düzlemi ile noktanın merkezle birleştiği çizgi arasındaki açıdır. Ekvatorun enlemi 0°, kuzey kutbunun enlemi +90° ve güney kutbunun enlemi -90° değerindedir [31,32].

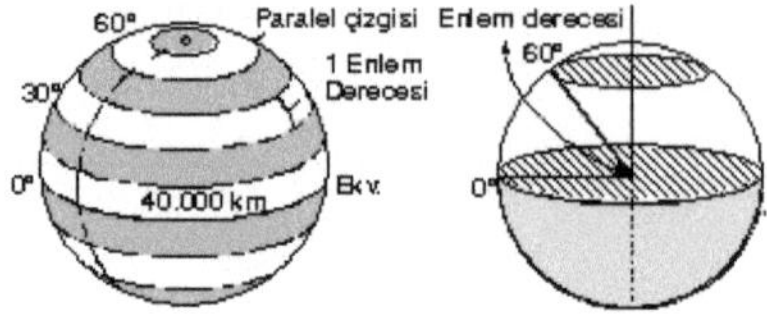

Şekil 3.2. Coğrafik enlemin tanımı

Güneşin pozisyonu yükseklik açısı (alt) ve azimut (azı) açısı olmak üzere iki açı ile belirlenir. Yükseklik açısı dikey eksende ölçülen, güneş ile yatay eksen arasındaki açıdır. Azimut açısı ise güneş ışınlarının kuzeye göre, saat dönüş yönünde sapmasını gösteren açıdır [31,37].

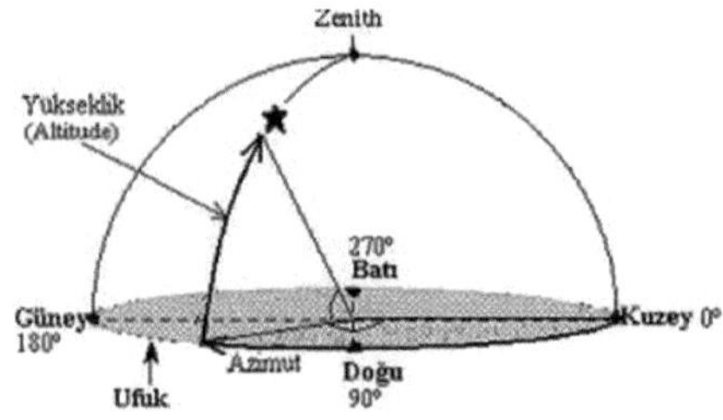

Şekil 3.3. Güneş açılarının tanımı

Saat açısı (HRA), zamanın açısal ölçüsüdür ve bir saat 15° boylama eşittir. Öğleden önce açı artı ve öğleden sonra eksi değer alır. Örneğin saat 10.00 için açı +30° ve saat 15.00 için - 45° olur [31,37].

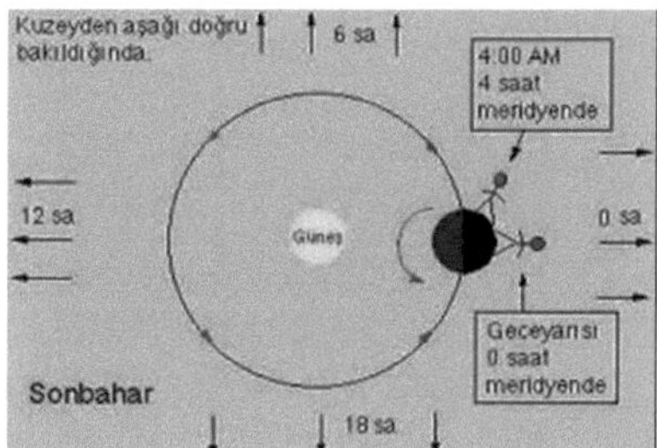

Şekil 3.4. Saat açısının tanımı

Güneş açıları yılın farklı zamanlarında farklı değerler alarak güneşe bir yol çizer. Yükseklik açısı ekinoks günlerinde (90-lat) değerini alırken, yaz ortasında (90-alt+23.45) değerini ve kış ortasında (90-alt-23.45) değerini alır [31].

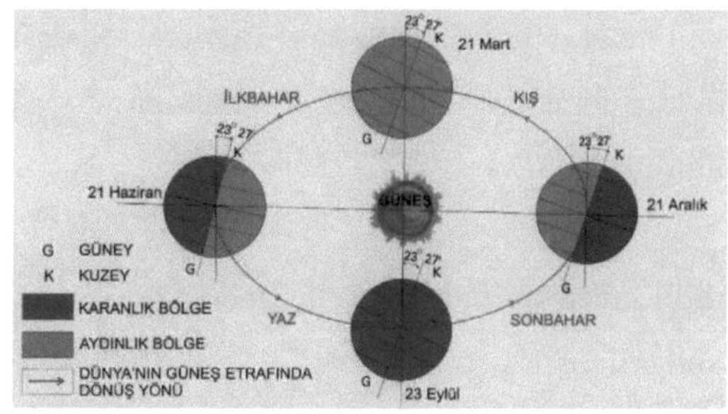

Şekil 3.5. Kuzey yarımküre için güneş yollarının gösterimi

3.2. Güneş Denklemleri

Takvimde içinde bulunulan gün yılın günü olarak tanımlanır. Yılın gününün numarası (NDY) ise 31 Aralık yılın 365. Günü olacak şekilde hesaplanır [31].

Deklinasyon açısı (dec), ekinoks günlerinde sıfır değerini alan bir sinüs fonksiyonudur. Sinüs fonksiyonunu takvimle senkronize etmek için Mart ekinoksundan yılın sonuna olan uzaklık (284 gün), yılın gününün numarasına eklenir ve yılın 365 günü 360° olarak kabul edildiğinden bu değer 360°/365 değeri ile çarpılır [31].

dec=23.45*sin[0.986*(284+NDY)] (1)

N=NDY*(360/366) eşitliği ile artık yıl düzeltmesi yapılarak deklinasyon açısı şöyle düzenlenebilir [31]:

dec= 0.33281- 22.984* cos(N)+ 3.7872* sin(N)
- 0.3499* cos(2N)+0.03205* sin(2N)
-0.1398*cos(3*N)+ 0.07187*sin(3*N) (2)

Verilen iki eşitlikte açı olarak derece kullanmaktadır. Deklinasyon açısı bir bilgisayar programında hesaplanmak istenirse 2.eşitlikte N=NDY * (2*Pi/366) yazılarak N açısı radyana çevrilir. Ancak hesaplamanın sonucunun yine derece olduğuna dikkat edilmeli ve gerekirse radyana çevrilmelidir [31].

Bu çalışmada deklinasyon açısı bir bilgisayar programında hesaplandığından 2. eşitlik açı değerleri radyana çevrilerek kullanılmıştır.

Güneş saat açısı (HRA) günün saatine bağlı olarak hesaplanır [31]:

HRA=15*(saat-12) (3)

Yükseklik açısı (alt), güneş saat açısı (HRA), içinde bulunulan konumun enlem derecesi (lat) ve deklinasyon açısına (dec) bağlı olarak hesaplanır [31]:

alt=arcsin(sin(dec)*sin(lat)+cos(dec)*cos(lat)*cos(HRA)) (4)

Azimut açısı (azı), güneş saat açısı (HRA), içinde bulunulan konumun enlem derecesi (lat), deklinasyon açısı (dec) ve yükseklik açısına (alt) bağlı olarak hesaplanır [31]:

azı=arccos[(cos(lat)*sin(dec)-cos(dec)*sin(lat)*cos(HRA))/cos(alt)] (5)

Verilen açı ifadeleri incelendiğinde, açı değerlerinin sadece enlem ve günün saatine bağlı olduğu görülür. Sistemin bulunduğu konumun enlemi bilindiğinde eşitlikler sırasıyla hesaplanarak azimut açısı ve yükseklik açısı günün her saati için hesaplanabilir. Bu çalışmanın amacı dünyanın her yerinde maksimum verimle çalışabilen bir sistem tasarlamaktır. Dolayısıyla sistem kontrolü, sadece enlem değerinin değiştirilmesiyle projenin amaçladığı gibi dünyanın her yerinde kullanılabilir olan bu açı ifadeleri ile yapılmıştır.

Bölüm 4. Mekanik Tasarım

Mekanik tasarım aşamasında Solidworks ile iki eksen izleyicili bir sistem tasarımı yapılmıştır. Bu aşamada ilk olarak sistem elemanları belirlenmiş ve Solidworks ortamında çizilmiştir. Sistem elemanları çizildikten sonra bağlantı elemanları çizilmiş ve sistem bir araya getirilmiştir. Bir araya gelen sistemin iki eksen hareketi incelenmiş ve hareket iki eksende de sorunsuz hale gelene kadar elemanların boyutları düzenlenmiştir.

4.1. Sistem Elemanlarının Belirlenmesi

4.1.1. Motorların belirlenmesi

Portekiz'de yapılan çalışmada Oluşturulan iki eksen güneş izleyicili sistemin hareketi, iki adet AC motor ile sağlanmış ve panelin minimum ve maksimum noktalardaki hareketi dört adet sensör ile sınırlanmıştır [7].

Kanada'da yapılan çalışmada oluşturulan iki eksen güneş izleyicili sistemin hareketi, bir DC motor ve bir lineer aktüatör ile sağlanmıştır [8].

Türkiye'de yapılan çalışmada 14 adet güneş panelinin bir DC motor ile doğu ve batı yönünde hareketi sağlanmıştır [18].

Hindistan'da yapılan çalışmada sistem hareketi step motorlara yön veren bilgisayar ile sağlanmıştır [27].

Tayvan'da yapılan çalışmada iki eksen izleyicili bir sistem tasarımı yapılmıştır. Sistem hareketi foto sensörden aldığı radyasyon bilgisine göre çift eksenli AC motora yön veren op-amp ve röleler ile sağlanmıştır [30].

Ürdün'de yapılan çalışmada tek eksen izleyicili sistemin hareketi lineer aktüatörlerle sağlanmıştır [11].

Bu çalışmada iki eksen hareketi lineer aktüatörlerle sağlanmıştır. Lineer aktüatör (elektrikli doğrusal aktüatör) düşük voltaj bir DC motorun dönme hareketini, doğrusal harekete, itme ve çekme hareketine, dönüştüren cihazdır. Bu şekilde ağır veya ulaşılması güç nesneleri, basitçe bir tuşa dokunarak kaldırmak, ayarlama, yana yatırmak, çekmek veya itmek mümkündür.

Aktüatörler kesin hareket kontrolüyle güvenli, sessiz ve temiz bir hareket sağlar. Enerji tasarrufludur ve bakım gerektirmeyen uzun kullanım ömrüne sahiptirler.

Bu özellikleri ile lineer aktüatörlerin, enerji tasarrufu sağlayan ve uzun süre bakıma ihtiyaç duymayan bir sistem tasarımı için diğer motorlardan daha uygun olduğuna karar verilmiştir.

Yapılan çalışmalar incelediğinde izleyicili sistem uygulamalarında lineer aktüatör kullanımının henüz çok yeni olduğu görülür. Bu çalışmada lineer aktüatör kullanımının bir sebebi de kontrolü DC bir motor kontrolünden farklı olmayan bu motorları, iki eksen izleyicili bir sistem tasarımı uygulanmasında kullanmaktır.

Bu çalışmada kullanılan lineer aktüatörün özellikleri şunlardır:

- Sessiz çalışır.
- Ateşe dayanıklıdır.
- Ağır yükler için 2 adet rulman içerir.
- Güç aktarımı için sağlam metal dişli kullanır.
- Milinde yüksek verimli Acme tipi vida kullanılmıştır.
- Güvenlik somunu içerir.

- Değişik yük ve hızlar için çeşitli seçenekler sunar.
- Limit switch özelliği ile motorun sonsuz hareketini engeller.
- Güvenlik için mekanik durdurma mekanizması içerir.
- Motor olarak 24 V DC motor kullanır.
- 6000 N ağırlığına kadar yük taşıyabilir.
- Strok boyu 300 mm'dir.

Kullanılan lineer aktüatör ekonomik bir aktüatördür. Türkiye'de kullanımı henüz çok yaygın olmadığından ekonomik olan aktüatör seçeneği çok azdır. Bu nedenle geri beslemeli bir lineer aktüatör, sahip olunan bütçeyle temin edilememiş, geri besleme problemi ek bir elektronik devre ile çözülmüştür.

4.1.2. Panelin belirlenmesi

Lineer aktüatör seçeneği sınırlı olduğundan önce aktüatör seçilmiş, panel aktüatör boyutlarına uygun olarak seçilmiştir. Panel ve aktüatörün uyumlu seçilmesi, sistemin eksen hareketlerinin sınırlanmaması için oldukça önemlidir. Bunun için Solidworks ortamında seçilen aktüatör çizildi ve farklı boyutlara sahip panellerle sistem test edilmiştir.

Aktüatörler önce 40W gücünde bir panelle test edilmiştir. Bunun için Solidworks ile 645mm*545mm*23mm boyutlarında bir panel çizilmiş ve sistem test edilmiştir. Aktüatörlerin strok boyu bu boyutlardaki bir paneli iki eksende sorunsuz olarak hareket ettirmiştir. Fakat bu panel aktüatörün gücü ve boyutlarının yanında küçük kalmıştır.

Aktüatörler ikinci adımda 80W gücünde bir panelle test edilmiştir. Bunun için Solidworks ile 1185mm*545mm*35mm boyutlarında bir panel çizilmiştir ve sistem test edilmiştir. Aktüatörlerin strok boyu bu boyutlardaki bir paneli iki eksende sorunsuz çalıştırmıştır.

Son olarak panel boyutları biraz daha büyütülmüş ve aktüatörlerin strok boyunun yetersiz kaldığı görülmüştür. Yapılan bu analizler sonunda sistem paneli 80W gücünde ve 1185mm*545mm*35mm boyutlarında seçilmiştir.

4.2. Mekanik Tasarım

Sistem elemanları belirlendikten sonra mekanik tasarım aşamasına geçilmiştir. İki eksen izleme hareketini istenilen sınırlarda sağlayan 2 mekanik tasarım yapılmıştır. Tasarımlar aşağıdaki standartlara uygun olarak yapılmıştır:

- EN 1991-1-3-Kar Yükleri
- EN 1991-1-4-Rüzgar Hareketleri
- IN 1990- Yapısal Hesaplamalar
- EN 1993-1-8- Birleşme Yerleri

4.2.1. Tasarım-1

Tasarım-1 iki eksen güneş izleyicili sistem tasarım uygulamalarında kullanılan en popüler tasarımdır. Bu tasarımda iki eksenli yatay ve dikey radyal konumlandırma mekanizması tasarlanmış ve bu sayede sistem şasisi oluşturulmuştur [38].

İki eksenli şasi sayesinde güneş panelleri, yatay ve dikey yönde radyal hareket ettirilerek güneş konumunun takibi sağlamıştır.

Şekil 4.1. İki eksen izleyicili sistem Solidworks tasarımı: Tasarım-1

Yapılan bu tasarıma rüzgar ve basınç dayanıklılık testleri uygulanmıştır. Sisteme ilk olarak basınç testi uygulanmış ve sistemin 500 N/m^2 değerinde bir basıncın etkisiyle sadece 0.02 mm yer değiştirdiği gözlenmiştir.

Şekil 4.2. Tasarım-1 basınç dayanıklılık testi

Sistem daha sonra rüzgara maruz bırakılmış, 36 km/h hızında bir rüzgar karşısında sistemde sadece 1.02 bar değerinde bir basınç oluşmuştur.

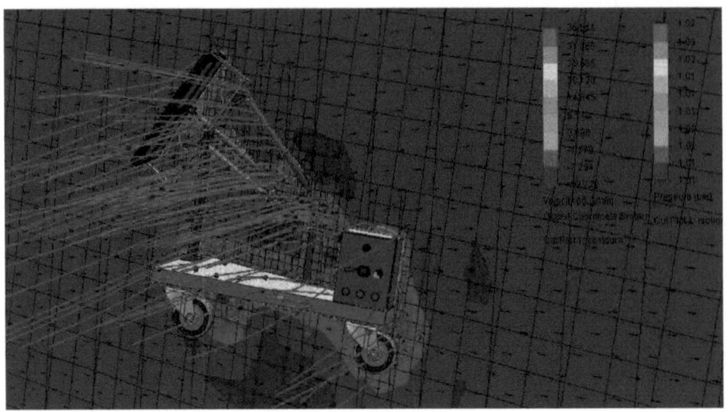

Şekil 4.3. Tasarım-1 rüzgar dayanıklılık testi

Yapılan bu testlerin sonucu tasarlanan sistemin hava şartlarına dayanıklı olduğunu göstermiştir.

4.2.2. Tasarım-2

Tasarım-2, yapılan ilk tasarıma göre daha az maliyetli ve kurulumu daha kolay özgün bir tasarımdır. Kare profilden oluşan sistem daha dayanıklı ve daha hafif olmasının yanı sıra istenildiği zaman ufak bir montaj değişikliği ile ikinci ya da üçüncü bir panel için yer açmaya elverişli olarak tasarlanmıştır.

Şekil 4.4. İki eksen izleyicili sistem Solidworks tasarımı: Tasarım-2

Tasarım-2 de tasarım-1 gibi rüzgar ve basınç dayanıklılık testlerine maruz bırakılmış ve bu testler tasarım-2'nin tasarım-1'e göre daha dayanıklı olduğunu göstermiştir. Tasarım-2'in 60 km/h hızına kadar olan rüzgarlar karşısında dayanıklı olduğu görülmüştür. İstenirse bir sensör ve yazılım ilavesi ile 30 km/h ve daha yüksek hızlarda sistemin otomatik olarak yatay durması ve olası şiddetli rüzgarlı havalarda sistemin korunması sağlanabilir.

Yapılan testler sonunda tasarım-2'nin rüzgar ve basınca iyi derecede dayanıklı bir tasarım olduğu görülmüştür. İstenirse tasarımın korozyon direnci de artırılabilir. Tasarımın metal aksamını ortalama 105 mikron kalınlığında sıcak daldırma galvaniz işlemine tabi tutarak bunu yapmak mümkündür. Yapılan araştırmalar 105 mikron galvanizin metal ömrünü 25 yıl arttırdığını göstermiştir.

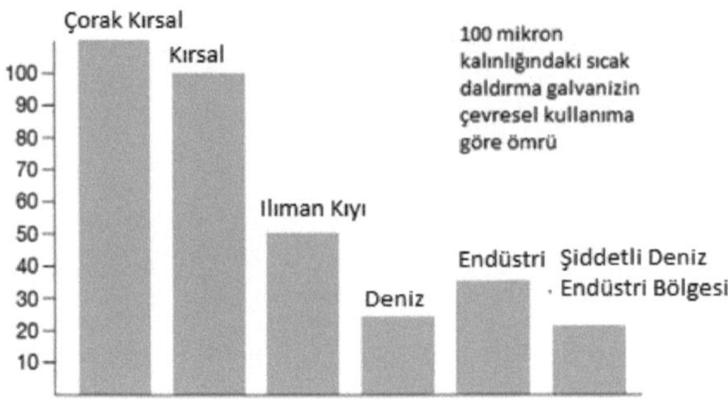

Şekil 4.5. 100 mikron kalınlığındaki sıcak daldırma galvanizin çevresel ömrü

Tasarım-2'yi daha anlaşır hale getirmek ve montajını kolaylaştırmak için, tasarımda kullanılan sistem elemanları ve sayılarının, bağlantı elemanları ve sayılarının, elemanların bağlantı yerlerinin ve kullanılan malzemelerin türünün açıkça görüldüğü genel bir montaj resmi ve bağlantı şekilleri ile parçaların yerlerini gösteren detaylı bir montaj resmi oluşturulmuştur.

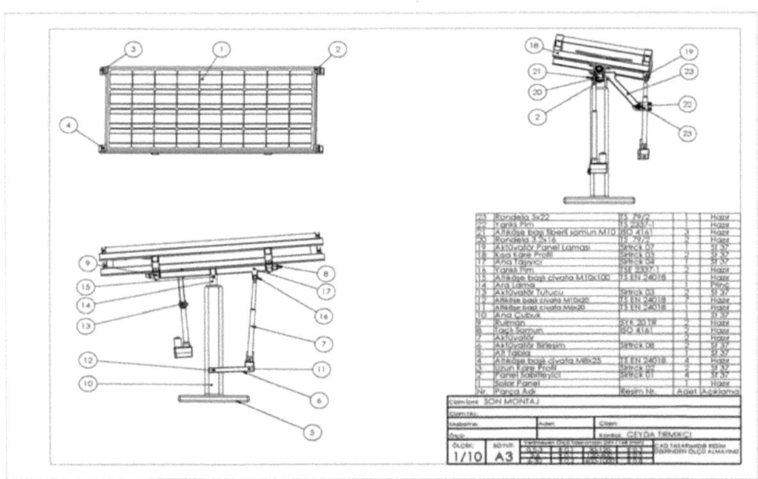

Şekil 4.6. Tasarım-2 genel montaj resmi

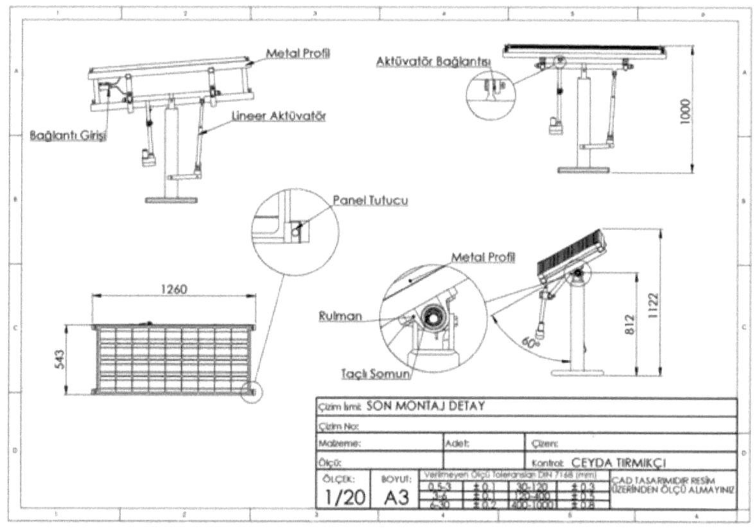

Şekil 4.7. Tasarım-2 detaylı montaj resmi

Bölüm 5. Elektronik Tasarım

Bu bölümde, bir önceki bölümlerde güneş denklemleri belirlenen ve mekanik tasarımı yapılan sensörsüz iki eksen izleyicili sistemin kontrol ünitesi ve elektronik devreleri tasarlanmıştır.

5.1. Kontrol Ünitesinin Belirlenmesi

Suriye Atomik Enerji Komisyonunda yapılan çalışmada tek eksen güneş izleyicili sistemin hareketi, PLC ünitesinin foto rezistörlerden gelen verilere göre motora yön vermesi ile sağlanmıştır [5].

Portekiz'de yapılan çalışmada güneş haritaları tabanlı sensörsüz iki eksen izleyicili bir sistem tasarımı yapılmıştır. Kontrol programı Portekiz'in güneş haritasının parçalara ayrılıp formüle edilmesi ile oluşturulmuş ve oluşturulan bu program düşük güçlü bir mikrodenetleyiciye gömülmüştür [7].

Hindistan'da yapılan çalışmada izleyicili sistem hareketi, foto sensörden aldığı radyasyon bilgisine göre step motorlara yön veren bilgisayar ile sağlanmıştır [27].

Yapılan çalışmalar incelediğinde izleyicili sistemlerde sistem kontrolünün üç yolla yapıldığı görülür:

- PLC ile kontrol
- Bilgisayar ile kontrol
- Mikrodenetleyici ile kontrol

Genel olarak küçük endüstriyel bilgisayarlar olarak tanımlanabilen PLC'ler kontrol fonksiyonlarını gerçekleştiren donanım ve yazılımları içerir. Merkezi işlemci birimi

(CPU) ve giriş/çıkış arayüz sistemi olmak üzere iki ana bölümden oluşan PLC'ler açısal ve doğrusal hareket kontrolü uygulamalarında yaygın olarak kullanılmaktadır. Ancak PLC'ler pahalı ve büyük boyutlu elemanlardır.

Mikrodenetleyici bir mikroişlemcinin kristal osilatör, zamanlayıcılar, seri ve analog giriş çıkışlar, programlanabilir hafıza gibi bileşenlerle tek bir tümleşik devre üzerinde üretilmiş halidir. Mikrodenetleyiciler 4 temel avantajları sayesinde elektronik sanayisinde oldukça büyük bir uygulama alanına sahiptir:

- Oldukça küçük boyutludur.
- Çok küçük güç tüketimine sahiptir.
- Düşük maliyetlidir.
- Yüksek performansa sahiptir.

Bu projenin amacı düşük maliyetli, yüksek verimli ve gerektiğinde taşınabilen akıllı bir fotovoltaik sistemi tasarımı yapmaktır. Dolayısıyla kontrol ünitesi olarak PIC16F877A mikrodenetleyicisi seçilmiştir. PIC16F877A'nın genel özellikleri şöyledir [39]:

- Veri yolu 8 bittir.
- 32 adet SFR olarak adlandırılan özel işlem kaydedicisi vardır ve bunlar statik RAM üzerindedir.
- 368 byte'a kadar artan veri belleği ve 256 byte'a kadar artan EEPROM belleği vardır.
- 14 kaynaktan kesme yapabilir.
- Doğrudan, dolaylı ve göreceli adresleme yapabilir.
- Seçimli osilatör özelliklerine sahiptir.
- Yalnız 5V girişle, devre içi seri programlanabilir.
- Geniş sıcaklık aralığında ve düşük güçle çalışabilir.

- 3 adet zamanlayıcıya sahiptir: TMR0, TMR1, TMR2
- İki adet Capture/ Compare/ PWM modülü içerir.
- 10 bit çok kanallı ADC modülü içerir.
- Senkron seri port (SSP), USART, SPI ve I^2C protokollerini içerir.
- Poweron Reset, Powerup Timer, Osilator Startup Timer, Wathcdog Timer, BOR Reset ve devre içi Debugger özelliklerine sahiptir.
- 5 adet giriş/çıkış portu ve 33 adet giriş/çıkış pini içerir.

5.2. Kontrol Algoritması ve Kontrol Devrelerinin Tasarımı

5.2.1. Programlama arayüzü ve programlama derleyicisinin belirlenmesi

Bu çalışmada programlama arayüzü olarak MPLAB IDE v8.89, derleyici olarak ise Hi-Tech C Compiler PRO for the PIC10/12/16 MCU Family v9.83 kullanılmıştır. Her iki program da www.microchip.com sitesinden ücretsiz olarak indirilmiştir.

MPLAB IDE programı, Microchip firması tarafından Microchip mikroişlemcileri için hazırlanmış bir derleyici programıdır. MPLAB programı assembly dilinde simülasyon, derleme ve hata kontrolü yapabilmektedir. Bu çalışmada MPLAB programı, Hi-Tech C derleyicisi ile beraber çalıştırılarak C dilinde simülasyon, derleme ve hata kontrolü yapılmıştır.

5.2.2. Programlama aşamalarının belirlenmesi

Bu çalışmada tasarlanan iki eksen izleyicili sistem tasarımının kontrolü üç aşamada gerçekleştirilmiştir. İlk aşamada saat başı güneş takibi yapmak için gerekli olan azimut ve yükseklik açıları hesaplanmıştır. İkinci aşamada sistem kontrolünün kapalı çevrim bir kontrol olması amaçlandığından, panel konumunun geri beslemesi alınmıştır. Üçüncü aşamada panel konumu ve güneş açıları karşılaştırılarak motorlara yön verilmiştir.

5.2.3. Güneş açıları algoritmasının oluşturulması ve simülasyonu

Güneş açılarının denklemleri Bölüm 3'te detaylı olarak incelenmiş ve bu açıların sadece konum ve zamana bağlı olarak değiştiği görülmüştür:

$$
\begin{aligned}
dec = \; & 0.33281 - 22.984 * \cos(N) + 3.7872 * \sin(N) \\
& - 0.3499 * \cos(2N) + 0.03205 * \sin(2N) \\
& - 0.1398 * \cos(3*N) + 0.07187 * \sin(3*N) \qquad (1)
\end{aligned}
$$

$$HRA = 15*(saat-12) \qquad (2)$$

$$alt = \arcsin(\sin(dec) * \sin(lat) + \cos(dec) * \cos(lat) * \cos(HRA)) \; (3)$$

$$azı = \arccos[(\cos(lat)*\sin(dec)-\cos(dec)*\sin(lat)*\cos(HRA))/\cos(alt)] \qquad (4)$$

Tasarlanan sistem iki eksen hareketini azimut ve yükseklik açılarını takip ederek gerçekleştirmektedir. Bu açı denklemlerinin mikroişlemciye gömülüp, saat başı hesaplanmasını sağlamak için mikrodenetleyiciye zaman ve konum bilgisi verilmelidir. Konum bilgisi değişken olmadığından, gerektiğinde değiştirilebilir bir sabit olarak programa atanabilir. Ancak zaman bilgisi sürekli olarak mikrodenetleyiciye girilmelidir. Bunu yapmak iki yolla mümkündür. İlki mikrodenetleyicinin içindeki zamanlayıcıyı kullanarak saat ve tarih bilgisini elde etmek, ikincisi ise bu bilgiyi bir gerçek zaman saati entegresi kullanarak elde etmektir. Bu çalışmada bir gerçek zaman saati entegresi olan DS1302 kullanılarak, güneş açılarının hesaplanmasında gerekli olan saat ve yılın gününün numarası bilgilerine ulaşılmıştır.

5.2.3.1. DS1302 Entegresi

Şekil 5.1'de DIP soket yapısı verilen DS1302 entegresi 2100 yılına kadar tarih tutabilen, 5V- 2V aralığında çalışabilen, 2V'ta 300nA değerinde küçük bir akım çeken, 3-Wire iletişimi kullanarak içerisinde 31 byte'lık eeprom bulunduran bir yapıdır.

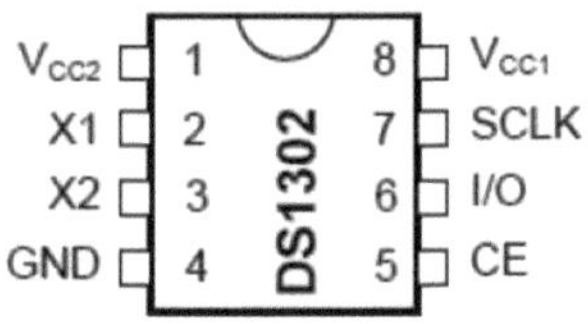

Şekil 5.1. DS1302 entegresi

DS1302 entegresi uygulamalarında Vcc2 bacağına +5V, Vcc1 bacağına güç kesilmesi durumunda entegrenin çalışmaya devam edebilmesi için şarj edilebilir bir pil, X1 ve X2 bacaklarına 32.768 kHz değerinde bir osilatör bağlanmaktadır. CE ucu entegreyi aktif duruma getiren bacak olarak kullanılmaktadır. I/O ucu hem okuma hem de yazma yapmak için özelleştirilmiştir. SCLK ucu ise veri iletim ve alımında senkronizasyonu sağlamakta kullanılan bacaktır. Tüm alım ve gönderim işlemleri SCLK'nın yükselen kenarında gerçekleşmektedir [41].

DS1302 entegresi ile yazma ve okuma işlemlerini gerçekleştirmek için şekil 5.2'de verilen zaman diyagramı kullanılır. DS1302 entegresi ile okuma ve yazma yapmak için öncelikle CE=1 olmalı ve 1 byte uzunluğunda adres bilgisi gönderilmelidir. Bu komutları gerçekleştirdikten 1 veya 2 mikro saniye sonra ise okuma işlemi yapılmak isteniyorsa mikrodenetleyici okuma moduna, yazma işlemi yapılmak isteniyorsa mikrodenetleyici yazma moduna alınmalıdır [41,42].

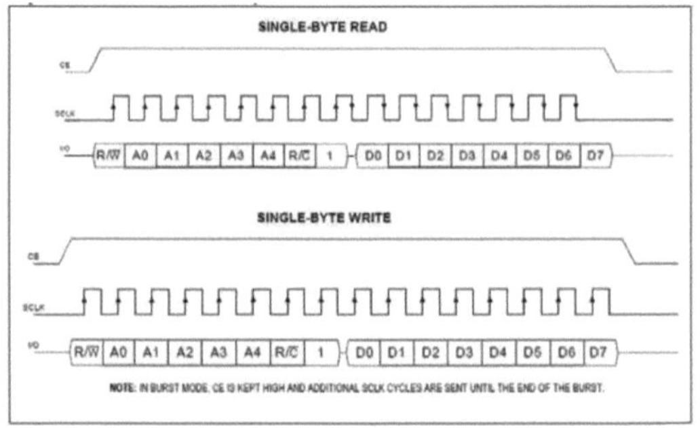

Şekil 5.2. DS1302 zaman diyagramları

RTC

READ	WRITE	BIT 7	BIT 6	BIT 5	BIT 4	BIT 3	BIT 2	BIT 1	BIT 0	RANGE
81h	80h	CH	10 Seconds			Seconds				00–59
83h	82h		10 Minutes			Minutes				00–59
85h	84h	12/$\overline{24}$	0	10 AM/PM	Hour	Hour				1–12/0–23
87h	86h	0	0	10 Date		Date				1–31
89h	88h	0	0	0	10 Month	Month				1–12
8Bh	8Ah	0	0	0	0	0	Day			1–7
8Dh	8Ch	10 Year				Year				00–99
8Fh	8Eh	WP	0	0	0	0	0	0	0	—
91h	90h	TCS	TCS	TCS	TCS	DS	DS	RS	RS	—

RAM

C1h	C0h		00-FFh
C3h	C2h		00-FFh
C5h	C4h		00-FFh
. . .	. . .		. . .
FDh	FCh		00-FFh

Şekil 5.3. DS1302 komutları

DS1302 entegresinin veri yaprağından elde edilen bu bilgilerle, entegre uygulamaları için bir kütüphane oluşturulmuştur. DS1302 entegresi kütüphanesi oluşturulduktan sonra, ana programda başlangıç tarihi ve saati kurulmuş ve bu başlangıç anından itibaren saat, dakika, saniye, gün, hafta, ay ve yıl bilgileri DS1302'den alınmıştır. DS1302'den alınan bilgiler binary code decimal (bcd) tabanında olduğundan ilk olarak decimal (onluk) tabana çevrilmiştir. Onluk tabana çevrilen bu bilgiler, yılın gününün numarasını hesaplamak için oluşturulan kütüphanede kullanılmış ve yılın içinde bulunulan günün numarası ana programa aktarılmıştır.

Gerekli saat, konum ve yılının gününün numarası bilgileri elde edildikten sonra güneş açıları denklemleri ana programa gömülmüş ve saatte bir güneş açıları hesaplanmıştır. İstenilen bilgiler elde edildikten sonra bu bilgiler bir LCD ekranına aktarılmıştır.

Oluşturulan DS1302 kütüphanesi kodları EK A'da ve yılın gününün numarası kütüphanesi kodları EK B'de sunulmuştur.

5.2.3.2. Hi-Tech C ile LCD işlemleri

LCD'ler dışarıya bilgi aktarmak için kullanılan en yaygın birimlerdir. LCD'ler genel olarak Hitachi firmasının HD44780 entegresini ve türevlerini taşımaktadırlar. Bu çalışmada 2x16 yani 2 satır ve her satırda 16 karakter yazabilen bir LCD kullanılmıştır.

Karakter LCD'lerin genelinde her harf 5x7'lik birimler halinde şekillenmektedir. Altta boş kalan son kısım ise imleç için kullanılmaktadır.

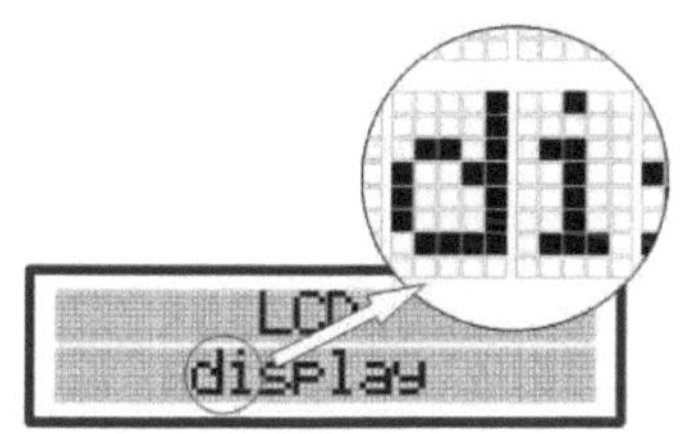

Şekil 5.4. LCD'de karakter oluşumu

Karakter LCD'lerin oluşturacağı her bir karakter ise karakter LCD'nin özel CGROM hafızasına kaydedilmiştir. ASCII karakter uyumu olan karakterlerin listesi şöyledir [42,43]:

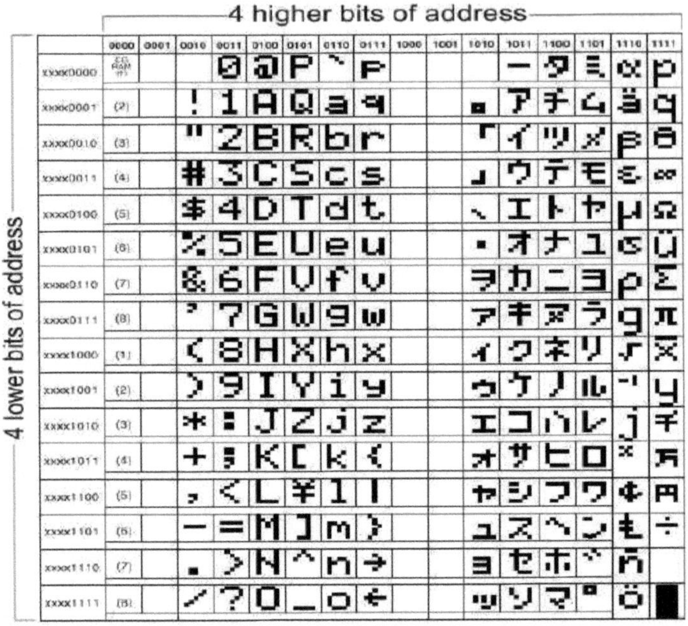

4 higher bits of address / 4 lower bits of address

	0000	0001	0010	0011	0100	0101	0110	0111	1000	1001	1010	1011	1100	1101	1110	1111
xxxx0000	CG RAM (1)			0	@	P	`	p				ー	タ	ミ	α	p
xxxx0001	(2)		!	1	A	Q	a	q			。	ア	チ	ム	ä	q
xxxx0010	(3)		"	2	B	R	b	r			「	イ	ツ	メ	β	θ
xxxx0011	(4)		#	3	C	S	c	s			」	ウ	テ	モ	ε	∞
xxxx0100	(5)		$	4	D	T	d	t			、	エ	ト	ヤ	μ	Ω
xxxx0101	(6)		%	5	E	U	e	u			・	オ	ナ	ユ	σ	ü
xxxx0110	(7)		&	6	F	V	f	v			ヲ	カ	ニ	ヨ	ρ	Σ
xxxx0111	(8)		'	7	G	W	g	w			ァ	キ	ヌ	ラ	g	π
xxxx1000	(1)		(	8	H	X	h	x			ィ	ク	ネ	リ	√	x̄
xxxx1001	(2)		)	9	I	Y	i	y			ゥ	ケ	ノ	ル	⁻¹	y
xxxx1010	(3)		*	:	J	Z	j	z			ェ	コ	ハ	レ	j	千
xxxx1011	(4)		+	;	K	[	k	{			ォ	サ	ヒ	ロ	ˣ	万
xxxx1100	(5)		,	<	L	¥	l	|			ャ	シ	フ	ワ	¢	円
xxxx1101	(6)		-	=	M	]	m	}			ュ	ス	ヘ	ン	£	÷
xxxx1110	(7)		.	>	N	^	n	→			ョ	セ	ホ	゛	ñ	
xxxx1111	(8)		/	?	O	_	o	←			ッ	ソ	マ	゜	ö	█

Şekil 5.5. LCD karakter tablosu

Şekil 5.5'te görüldüğü gibi CGROM'un ilk 8 karakterlik kısmı boştur ve yazma için kullanılmaktadır. Bu kullanıcıya tabloda olmayan karakterleri tanımlama olanağı sağlamaktadır [42].

Karakter LCD'lerin genelinde ve bu çalışmada kullanılan LCD'de 16 bacak bulunmaktadır. Bu bacaklardan 14 tanesi LCD'yi kontrol etmek, 15. ve 16. Bacaklar ise LCD arka ışığı için kullanılmaktadır [43]:

1- GND: Toprak ucu

2- VCC: +5V ucu

3- VEE: Kontrast ucu (genellikle pot ile sürülmektedir.)

4- RS: Gelen bilginin komut mu yoksa data mı olduğunu belirleyen uç

5-RW: LCD'ye veri yazma veya okuma yetkilendirme ucu

6-E: Düşen kenar tetiklemeli, LCD'ye bilgi giriş çıkışını kontrol eden, aktifleme ucu

7,8,..,14- Data: Bilgi giriş çıkışlarını sağlayan, data ucu

15,16- BL: Arka ışık anot ve katot uçları

LCD kullanımında birçok sürüm yöntemi kullanılmaktadır. Bu projede şekil 5.6'daki yöntem kullanılmaktadır [42].

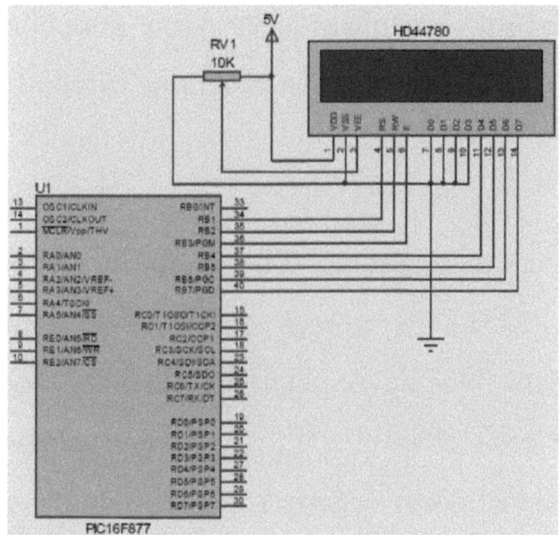

Şekil 5.6. LCD sürme yöntemi

Bu yöntemde 8 bitlik veri LCD'ye 4 bitlik veriler halinde iki kez gönderilmektedir. Bu yöntem programlayıcıya mikrodenetleyicide 4 bacak kazanımı sağlarken, LCD işlemlerini yavaşlatmaktadır. Ancak bu yavaşlama gözle seçilebilir bir yavaşlama değildir. LCD sürümü aşağıdaki işlemlerin sırası ile gerçekleşmektedir [43]:

1- Display sıfırlanmalı: LCD'ye 0x02 veya 0x03 gönderilmeli ve 2 ms beklenmeli.

2- Display silinmeli: LCD'ye 0x01 gönderilmeli ve 2 ms beklenmeli.

3- Fonksiyon ayarı yapılmalı: 4 bitlik iletişim ve 5x7 karakter seçimi için 0x28 gönderilmeli.

4- Giriş modu ayarlanmalı: İmleç her karakterden sonra sola kaydığından 0x06 gönderilmeli.

5- İmleç ayarı yapılmalı: Display kapalı uygulama yapıldığından 0x0B gönderilmeli.

Verilen bu bilgiler doğrultusunda 2x16 bir LCD için LCD kütüphanesi oluşturulmuş ve ana programda kullanılmıştır.

5.2.3.3. Güneş açılarının LCD ile gösterilmesi

LCD kütüphanesi oluşturulduktan sonra DS1302 kütüphanesi ve yılın gününün numarası kütüphanesini kullanarak güneş açılarını hesaplayan ana programa eklenmiş ve hesaplanan açılar LCD'ye aktarılmıştır.

Yazılan bu programın simülasyonu için Labcenter Electronics firmasının bir ürünü olan PROTEUS programı kullanılmıştır. PROTEUS görsel olarak elektronik devrelerin simülasyonun yapabilen yetenekli bir devre çizimi, simülasyonu, animasyonu ve PCB çizim programıdır. Her çeşit elektrik/elektronik devre şeması PROTEUS ile çizilebilir. Çizilen devredeki elemanların değerleri değiştirilebilir ve devre yeni haliyle tekrar gözlenebilir. Bunun yanı sıra PROTEUS'ta mikrodenetleyiciye .hex dosyası yüklenip çalıştırılabilir. PROTEUS'u diğer workbench'lerden ayıran en önemli özelliği budur.

PROTEUS programı ISIS ve ARES alt programları olmak üzere iki programdan oluşmaktadır. ISIS'te elektronik devre çizim işlemi gerçekleştirilmekte ve bununla beraber devre analizi yapılabilmektedir. ARES ise ISIS'te çizilmiş olan devrenin baskı devre çizimi gerçekleşmektedir.

Güneş açılarını hesaplandığı ana programın simülasyonu için önce ISIS'te gerekli devre şeması çizilmiştir. Devre şeması çizildikten sonra ana program MPLAB ortamında Hi-Tech ile derlenmiş ve .hex dosyası oluşturulmuştur. Oluşturulan .hex dosyası ISIS devresinde PIC16F877A mikrodenetleyicisine gömülmüş ve çalıştırılmıştır.

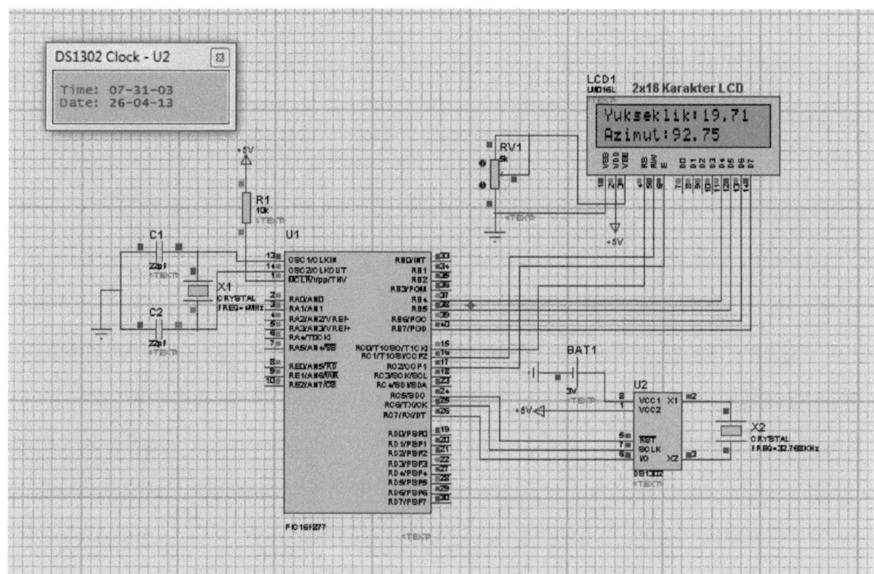

Şekil 5.7. Güneş açılarının LCD ile gösterilmesi

Şekil 5.7'de verilen devrede PIC16F877A, DS1302, LCD elemanları ve bağlantıları görülmektedir. PIC16F877A mikrodenetleyicisi, tarih ve zaman bilgisini DS1302'den alarak, güneş açılarını hesaplamakta ve bu açıları LCD'ye aktarmaktadır. LCD'de gösterilen yükseklik açısı ve azimut açısı 26.04.2013 tarih ve 07:30:57 zaman bilgilerine Sakarya enlem değeri için karşılık gelen açılardır.

5.2.4. Sistem geri beslemesi

Bu çalışmada kullanılan lineer aktüatörlerin geri beslemesiz motorlar olduğu ve diğer bütün özellikleri detaylı olarak Bölüm 4'te anlatılmıştır. Lineer aktüatörler geri beslemesiz olduğundan kapalı çevrim bir sistem kontrolü yapmak için bir konum geri besleme devresine ihtiyaç duyulmuştur.

Sensörsüz güneş izleyicili sistemlerde konum geri beslemesi genellikle iki yolla yapılır: inklinometreler ile veya enkoderler ile.

İnklinometre bir nesnenin zemine göre eğim açısını, yüksekliğini veya basıncını ölçen bir alettir. İnklinometre aynı zamanda eğim ölçer olarak da adlandırılmaktadır. İnklinometreler hem pozitif hem de negatif eğimleri ölçebilirler. Literatür taraması yapıldığında inklinometrelerin güneş izleyicili sistemlerde uygulamasının yapılmadığı görülmektedir. İzleyicili sistemlerde henüz yeni olan inklinometreler panelin bulunması gereken optimum eğim açısının belirlenmesinde kullanılmaktadır.

Enkoderler bağlı olduğu şaftın hareketine karşılık, sayısal bir elektrik sinyali üreten elektromekanik bir cihazdır. Enkoderler çalışma şekillerine göre dönel olarak çalışan şaft enkoderler ve doğrusal olarak çalışan lineer enkoderler olmak üzere ikiye ayrılır. Enkoderler endüstriyel kontrol işlemleri, endüstriyel robotlar, antenler, teleskoplar ve daha pek çok uygulamada kullanılmaktadır.

Bu çalışmada ne inklinometre ne de enkoder kullanılmıştır. İnklinometre kullanılmamasının sebebi, bu sensörlerin Türkiye'den temin edilememesi ve yeni bir uygulama olduğu için çok örneğinin olmamasıdır. Lineer aktüatörle birlikte hareket eden bir lineer enkoder kullanmak, sağlıklı bir geri besleme sağlamasına rağmen enkoder da kullanılmamıştır. Bunun sebebi lineer enkoderlerin pahalı olması ve bu sistem iki aktüatörle çalıştığı için iki lineer enkodere ihtiyaç duyulmasıdır.

Literatürde adı geçen iki geri besleme alma yolunun da kullanılmadığı bu çalışmada enkoder mantığından faydalanarak alternatif bir yol izlenmiştir. Tasarlanan sistemde panelin iki eksen hareketini sağlayan lineer aktüatörler, hareketli millere mesnetlenmiştir. Geri besleme için bu millere potansiyometreler yerleştirilmiş ve bu potansiyometreler 5V gerilim ile beslenmiştir. Her mil hareketinde potansiyometreler de hareket etmiş ve dolayısıyla gerilimi değişmiştir. Potansiyometrelerin bir turu 270° olarak kabul edilmiş ve bu kabul ile gerilim ile açı arasındaki ilişki kurulmuştur. Lineer aktüatörlerin her hareketinde potansiyometrelerin gerilimleri kontrol edilmiş ve bu gerilimler açıya çevrilmiştir. Elde edilen açılar, azimut ve yükseklik açısı ile karşılaştırılmış ve sonucuna göre motorlara yön verilmiştir.

Potansiyometrelerden gerilim değerini PIC16F877a mikrodenetleyicisine almak için, mikrodenetleyicinin ADC ünitesi kullanılmıştır.

5.2.4.1. ADC ünitesi

PIC16F877A içerisinde dahili olarak 8 adet ADC birimi bulunur ve bu birimlerin girişleri PORTA ile PORTE tarafından sağlanır. Bu ADC birimleri, 0-5V aralığındaki analog bilgiyi 10 bitlik çözünürlük ile dijital bilgiye dönüştürür [39].

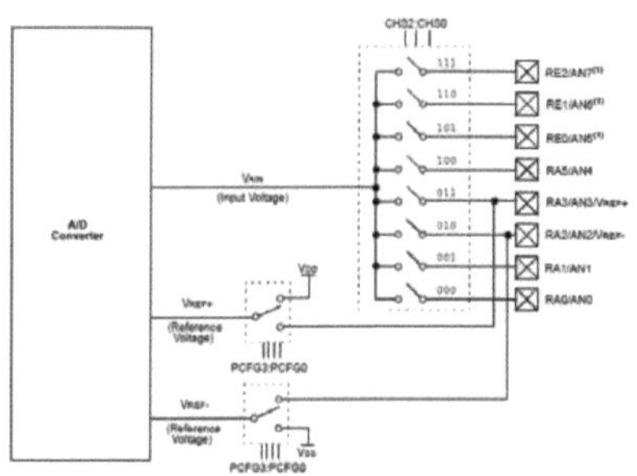

Şekil 5.8. ADC birimi

ADC birimi ADCON0 ve ADCON1 adlı iki adet kaydedici ile kontrol edilmektedir. Bu kaydedicilerin bit bit görevleri aşağıda verilmiştir [39]:

R/W-0	R/W-0	R/W-0	R/W-0	R/W-0	R/W-0	U-0	R/W-0
ADCS1	ADCS0	CHS2	CHS1	CHS0	GO/$\overline{DONE}$	—	ADON
bit 7							bit 0

Şekil 5.9. ADCON0 kaydedicisi

ADCON1 <ADCS2>	ADCON0 <ADCS1:ADCS0>	Clock Conversion
0	00	FOSC/2
0	01	FOSC/8
0	10	FOSC/32
0	11	FRC (clock derived from the internal A/D RC oscillator)
1	00	FOSC/4
1	01	FOSC/16
1	10	FOSC/64
1	11	FRC (clock derived from the internal A/D RC oscillator)

Tablo 5.1. Frekans kaynağı seçim bitleri

Şekil 5.9'da görülen CHS2,CHS1 ve CHS0 bitleri kanal seçim bitleridir [39]:

- 000: Kanal 0 (AN0)
- 001: Kanal 1(AN1)
- 010: Kanal 2 (AN2)
- 011: Kanal 3 (AN3)
- 100 : Kanal 4 (AN4)
- 101: Kanal 5 (AN5)
- 110: Kanal 6 (AN6)
- 111: Kanal 7 (AN7)

GO/DONE (ADGO) biti, ADC çevrimini başlatan bittir ve çevrim bitince sıfır olur. ADON biti ise ADC birimini açan bittir [39].

R/W-0	R/W-0	U-0	U-0	R/W-0	R/W-0	R/W-0	R/W-0
ADFM	ADCS2	—	—	PCFG3	PCFG2	PCFG1	PCFG0
bit 7							bit 0

Şekil 5.10. ADCON1 kaydedicisi

Şekil 5.11'da görülen ADFM biti şekil 5.12'de gösterildiği gibi, alınan verinin ADRESH ve ADRESL kaydedicilerinde sağa mı yoksa sola mı yaslanacağına karar verir [39].

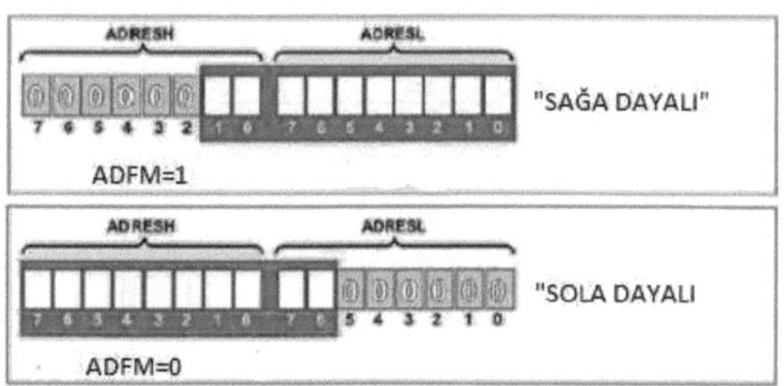

Şekil 5.11. ADFM'nin görevi

Şekil 5.11'da gösterilen ADCS2 biti yardımcı frekans seçme bitidir. PCFG3, PCFG2, PCFG1 ve PCFG0 bitleri ise portların görevlerini, şekil 5.13'de gösterildiği gibi belirleyen pinlerdir [39].

PCFG <3:0>	AN7	AN6	AN5	AN4	AN3	AN2	AN1	AN0	VREF+	VREF-	C/R
0000	A	A	A	A	A	A	A	A	VDD	VSS	8/0
0001	A	A	A	A	VREF+	A	A	A	AN3	VSS	7/1
0010	D	D	D	A	A	A	A	A	VDD	VSS	5/0
0011	D	D	D	A	VREF+	A	A	A	AN3	VSS	4/1
0100	D	D	D	D	A	D	A	A	VDD	VSS	3/0
0101	D	D	D	D	VREF+	D	A	A	AN3	VSS	2/1
011x	D	D	D	D	D	D	D	D	—	—	0/0
1000	A	A	A	A	VREF+	VREF-	A	A	AN3	AN2	6/2
1001	D	D	A	A	A	A	A	A	VDD	VSS	6/0
1010	D	D	A	A	VREF+	A	A	A	AN3	VSS	5/1
1011	D	D	A	A	VREF+	VREF-	A	A	AN3	AN2	4/2
1100	D	D	D	A	VREF+	VREF-	A	A	AN3	AN2	3/2
1101	D	D	D	D	VREF+	VREF-	A	A	AN3	AN2	2/2
1110	D	D	D	D	D	D	D	A	VDD	VSS	1/0
1111	D	D	D	D	VREF+	VREF-	D	A	AN3	AN2	1/2

A = Analog input D = Digital I/O
C/R = # of analog input channels/# of A/D voltage references

Şekil 5.12. PCFG pinlerinin görevi

ADC birimini çalıştırmak için aşağıdaki adımlar izlenir [39, 42]:

- Pin seçimi yapılır.
- ADC modülü açılır.
- Kesme kullanılmak isteniyorsa gerekli birimler ayarlanır.
- Yaklaşık 20 us beklenir.
- GO/DONE=1 yapılarak çevrim başlatılır.
- Çevrimin bitmesi beklenir.
- ADRESH ve ADRESL, ADFM bitinin durumuna göre okunur.

5.2.4.2. Geri beslemenin alınması ve simülasyonu

Bu bilgiler ile ilk olarak iki potansiyometrenin voltaj değerlerinin ADC birimi tarafından okunduğu bir program yazılmıştır. Programda alınan voltaj değerleri LCD'ye gönderilmiştir. Yazılan program ISIS'te simüle edilmiş ve potansiyometrelerin voltaj değerlerinin doğru bir şekilde ve birbirlerinden etkilenmeden okunduğu, potansiyometrelerin değişik değerleri için gözlenmiştir (şekil 5.13). Voltaj değerlerinin doğru okunduğu gözlendikten sonra, alınan voltaj değerleri gerekli hesaplamalar yapılarak açıya çevrilmiş ve açı değerleri LCD'ye gönderilmiştir. Geliştirilen program ISIS'te simüle edilmiş ve açı değerlerinin doğru bir şekilde okunduğu gözlenmiştir (şekil 5.14).

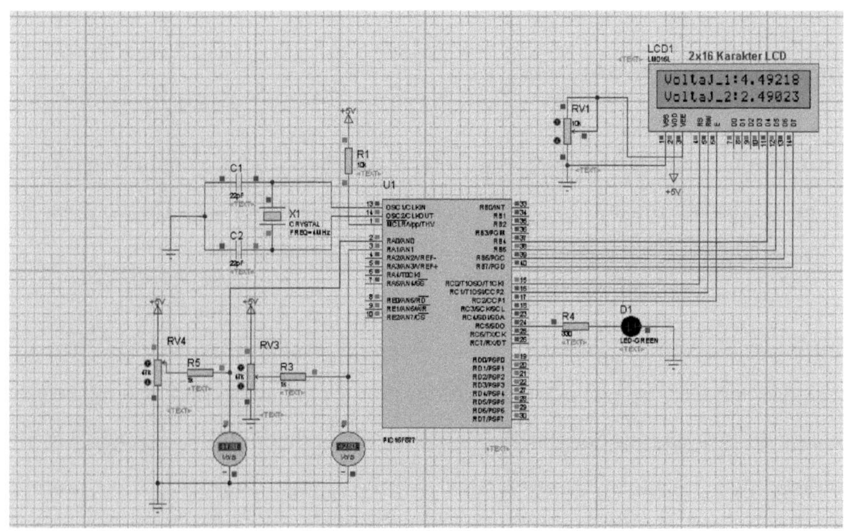

Şekil 5.13. ADC birimi ile iki potansiyometrenin voltaj değerlerinin okunması

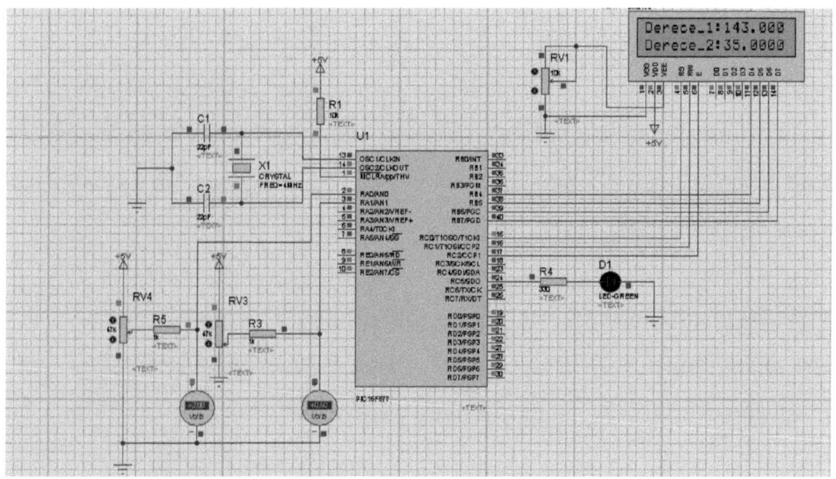

Şekil 5.14. ADC birimi ile iki potansiyometrenin voltaj değerlerinin açıya çevrilmesi

5.2.5. Lineer aktüatörlerin kontrolü

Bu çalışmada kullanılan lineer aktüatörler, Bölüm 4'te detaylı olarak anlatılmıştır. Bu bölümde bu aktüatörlerin nasıl kontrol edildiği anlatılmaktadır. Dolayısıyla bu bölümde lineer aktüatörlerin kullandığı motor tipi ve hızı önemlidir.

Kullanılan lineer aktüatörler, 24V DC motor ile çalışmaktadır ve hızları 300 mm/sn' dir. Tasarlanan iki eksen izleyicili sistemde motorların hızlarının yavaş olması istenmektedir ve 300 mm/sn tasarlanan sistem için istenilen aralıkta bulunan bir hız değeri olduğundan lineer aktüatörlere hız kontrolü yapılmamıştır. Bu durumda aktüatörlere sadece yön kontrolü yapılmıştır. Aktüatörlerin yön kontrolü kullandıkları dc motorların kontrolü ile gerçekleşmiştir.

5.2.5.1. DC motorlarda yön kontrolü

DC motorlar sabit bir mıknatıs ve içinde dönen bir yapı olan rotordan oluşurlar . DC Motorun uçlarını bir gerilim kaynağına bağlanırsa, motor bir yönde dönmeye başlar, DC motorun uçlarını gerilim kaynağına ters olarak bağlandığında ise motorun ters yönde hareket ettiğini görülür [44].

DC Motorun yön kontrolünü sağlayabilmek için H-Bridge (H-Köprü) denilen bir yöntem geliştirilmiştir. H-Bridge genel olarak 4 adet transistor, diyot yada MOSFET ilegerçekleştirilen motorun iki yönlü dönebilmesini sağlayan bir yöntemdir.

Şekil 5.15'te 4 adet transistörle yapılmış bir H-Bridge devresi görülmektedir. Bu devrede 2 adet PNP ve 2 adet NPN transistor kullanılmıştır. Bu devrede A=1, D =1, B=0 ve C=0 yapıldığında motor sağa doğru dönecektir. Tersi durumda, A=0, D =0,

B=1 ve C=1 yapıldığında ise motor sola doğru dönecektir. A=0, D =1, B=0, C=1 ve A=1, D =0, B=1, C=0 durumlarında ise motor fren yapacaktır. A=1, D =0, B=0, C=1 ve A=0, D =1, B=1, C=0 durumlarında ise 12V ve toprak kısa devre olduklarından böyle bir durum devre için çok sakıncalıdır. H-Bridge yöntemi kullanılırken hiçbir şekilde bu iki durumun oluşmasına fırsat verilmemelidir [44].

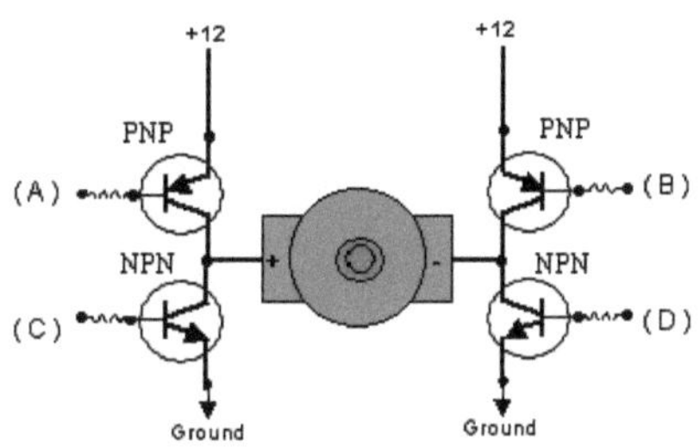

Şekil 5.15. Transistörler ile DC motor yön kontrolü

L298 bir motor sürücü entegresidir ve 2A akım değerine kadar dayanıklıdır. L298 entegresi A ve B köprüleri olmak üzere 2 adet H köprüsü içermektedir. Bu entegrede toplam 15 adet bacak bulunmaktadır. Bunlardan IN1, IN2, OUT1, OUT2, ENA, SENSA A köprüsü için, IN3, IN4, OUT3, OUT4, ENB, SENSB B köprüsü içindir.

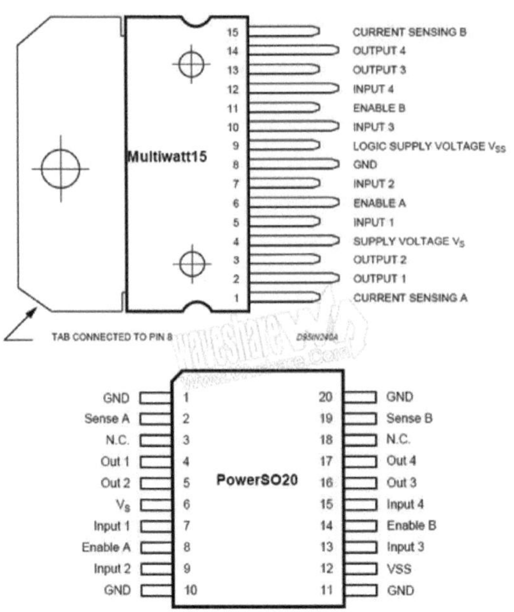

Şekil 5.16. L298 entegresi

L298 entegresinin bacaklarının görevleri kısaca şöyle özetlenebilir [45]:

- IN1 ve IN2 (5, 7): Bu bacaklar A köprüsü için olan girişlerdir. +5 volt ile çalışır. IN1'e 5V, IN2'ye 0V verildiğinde motor ileri döner, tersi verildiğinde ise geri döner. Her iki bacağa da aynı değer verildiğinde (0V-0V veya 5V-5V) motor dönmez. Eğer girişler PIC' den alınıyorsa, L298 den gelen ters akımın PIC' e zarar vermesini önlemek için PIC ile L298 arasına küçük bir direnç koyulmalıdır (220Ohm-1KOhm).
- IN3 ve IN4 (10, 12): Bu bacaklar B köprüsü için olan girişlerdir. A köprüsüyle aynı şekilde çalışır.
- OUT1 ve OUT2 (2, 3): A köprüsü için çıkış bacaklarıdır. Bu çıkışlar motorun iki ucuna bağlanmalıdır. Motorların herhangi bir zorlanma durumunda oluşacak olan ters akımın entegreye zarar vermemesi için çıkışlar ile motor

arasına ikişer adet diyot bağlanmalıdır. Bu diyotların birisinin yönü topraktan çıkışa doğru, diğeri de çıkıştan VS' ye doğru olmalıdır.

- OUT3 ve OUT4 (13, 14): B köprüsü için çıkış bacaklarıdır. A köprüsüyle aynı şekilde çalışır.
- ENA ve ENB (6, 11): A ve B köprülerini etkinleştirmek için bu bacaklara +5 volt bağlamak gerekmektedir.
- SENSA ve SENSB (1,15): A ve B köprülerinin çalışması için bu bacaklar toprağa çekilmelidir. Bu bacaklarla toprak arasına bağlanan direnç sayesinde çıkış akımı kontrol edilebilir, fakat direnç bağlanmadan da çalışır.
- VS (4): Çıkışlardan alınmak istenen voltaj değeri bu bacağa bağlanmaktadır. En fazla 46 volt bağlanabilir. Ayrıca DC üzerindeki küçük salınımları yok etmek için bu bacakla toprak arasına 100nF' lık kondansatör bağlanması tavsiye edilir.
- GND (8): Bu bacak, L298' in çalışması için toprağa bağlanmalıdır.
- VSS (9): Bu bacak, L298' in çalışması için +5 volta bağlanmalıdır. Yine küçük salınımları yok etmek için VSS ile toprak arasına 100nF'lık kondansatör bağlanmalıdır.

Bu çalışmada lineer aktüatörlerin DC motor yön kontrol devresinde, L298N entegresi kullanılmıştır. Entegrenin A ve B köprüleri gözle görülemeyen küçük gecikmelerle beraber kullanılmış ve iki motor bir entegre ile kontrol edilmiştir.

5.2.5.2. Lineer aktüatörlerin kontrolü ve simülasyonu

Lineer aktüatörlerin DC motorlarının L298N ile kontrolü için gerekli olan program MPLAB ortamında Hi-Tech derleyicisi ile yazılmıştır. Tasarlanan iki eksen izleyicili sistemde, sistem hareketi temel olarak panelin konumu ile güneş açılarının birbirine eşitlenmesini amaçlamaktadır. Dolayısıyla ilk olarak panelin konumu ve güneş açıları karşılaştırılmaktadır. Konum ve açılar birbirine eşit değilse motorlar hareket etmemektedir. Konum açılardan küçükse motor ileri, büyükse geri hareket etmektedir ve konum ile açı birbirine eşitlendiğinde hareket sona ermektedir. Motorların güneş açıları ve panel konumundan bağımsız kontrol edildiği bu bölümde, ana programa temel olması için motorlar programa atanan sabitlerin karşılaştırılması ile hareket ettirilmiştir. Oluşturulan program ISIS'te simüle edilmiş ve motorların birbirinden bağımsız, doğru yönlerde hareket ettiği gözlenmiştir.

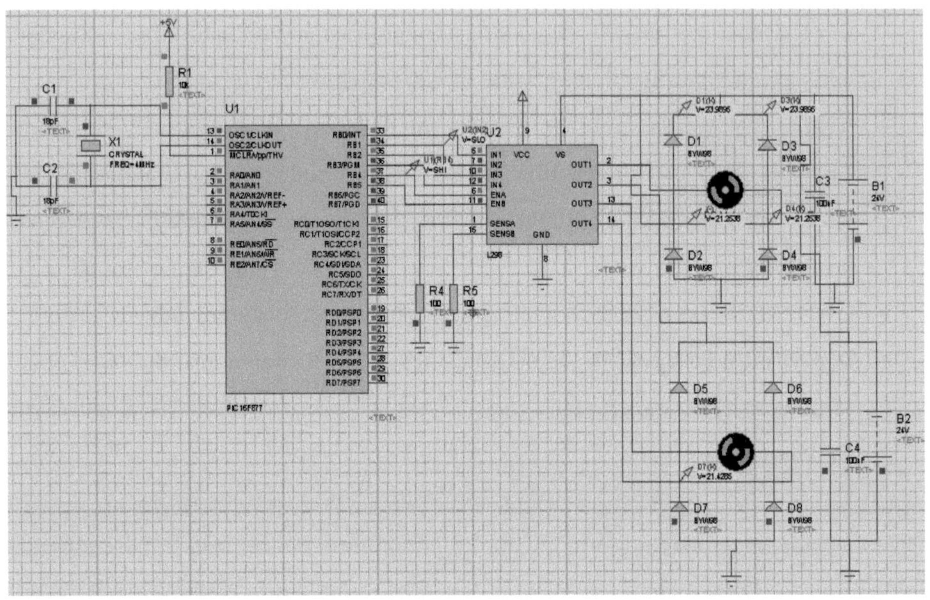

Şekil 5.17. Lineer aktüatörlerin dc motorlarının L298N ile ISIS ortamında kontrolü

5.2.6. İki eksen izleyicili sistem kontrolü ve simülasyonu

Bu bölümde, önceki bölümlerde oluşturulan programlar birleştirilmiş ve iki eksen izleyicili sistemin ana programı oluşturulmuştur. Ana programda DS1302'den alınan saat ve tarih bilgileri kullanılarak ilgili alt programlar yardımı ile güneş açıları hesaplanmış, geri besleme alt programı ile alınan konum bilgileri ile karşılaştırılmıştır. Karşılaştırma sonunda, konum ve açıların farklılıklarına göre motorlara yön verilmiştir. Daha sonra yazılan program ISIS'te simüle edilmiştir.

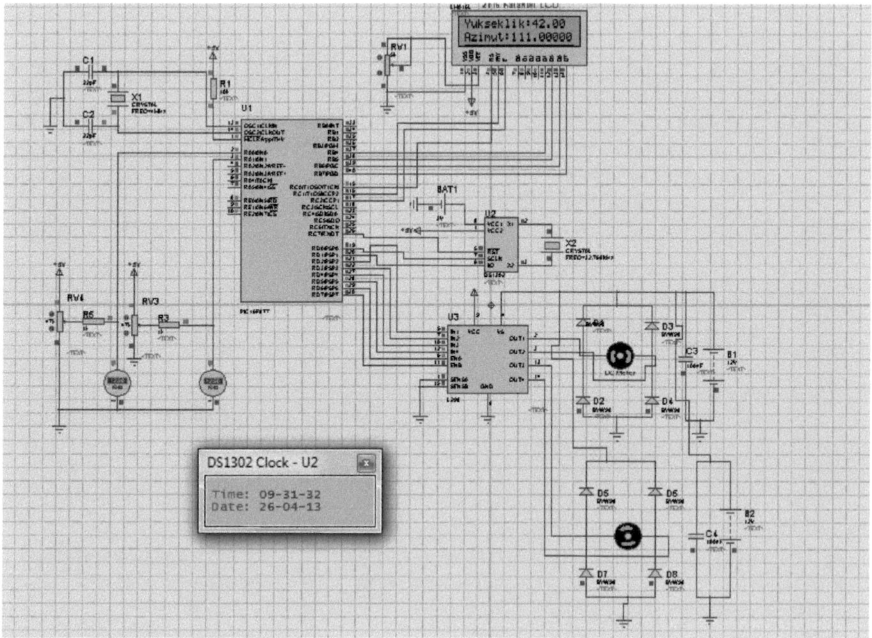

Şekil 5.18. Ana programın ISIS ortamında çalıştırılması

Bölüm 6. Sistem Gerçeklemesi ve Montaj

Bu bölümde Bölüm 4'te anlatılan mekanik tasarımın montaj aşamaları ve Bölüm 5'te anlatılan kontrol devresinin gerçeklenme aşamaları anlatılmıştır.

6.1. Montaj Aşamaları

Bölüm 4'te anlatılan mekanik tasarımın montaj aşamaları 5 aşamada tamamlanmıştır. İlk aşamada 40x40 profil saç ile paneli taşıyacak olan plaka yapılmıştır.

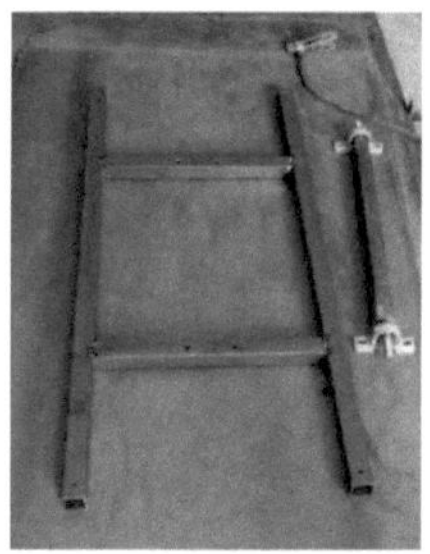

Şekil 6.1. Montaj aşaması-1

İkinci aşamada yapılan panel taşıyıcı plakanın merkezine azimut ekseni hareketini sağlayacak olan mil yerleştirilmiştir.

Şekil 6.2. Montaj aşaması-2

Üçüncü aşamada 100x100 profil saçtan sisteme taşıyıcı bir ayak yapılmıştır. Bu ayak ile paneli taşıyan plakanın birleşme yüzeyinin merkezine yükseklik hareketini sağlayacak olan mil yerleştirilmiştir.

Şekil 6.3. Montaj aşaması-3

Dördüncü aşamada panelin konum geri beslemesini almak için, hareket noktalarındaki millerin merkezine potansiyometreler yerleştirilmiştir.

Şekil 6.4. Montaj aşaması-4

Beşinci aşamada gövdesi tamamlanmış ve konum geri besleme ayarları yapılmış olan sisteme lineer aktüatörler ve panel yerleştirilmiştir.

Şekil 6.5. Montaj aşaması 5- aktüatörlerin montajı

Şekil 6.6. Montaj aşaması 5- panel montajı

Şekil 6.7. İki eksen izleyicili sistem önden görünüş

Şekil 6.8. İki eksen izleyicili sistem arkadan görünüş

6.2. Kontrol Devresinin Gerçeklenmesi

Kontrol devresi dört aşamada gerçeklenmiştir. İlk aşamada Bölüm 5.2.3.3'te detaylı olarak anlatılan simülasyon devresi kurulmuştur. Bu devre ile DS1302 gerçek zaman entegresinden zaman bilgisi alınmış ve mikrodenetleyicide hesaplanan güneş açıları LCD ekranına yazdırılmıştır.

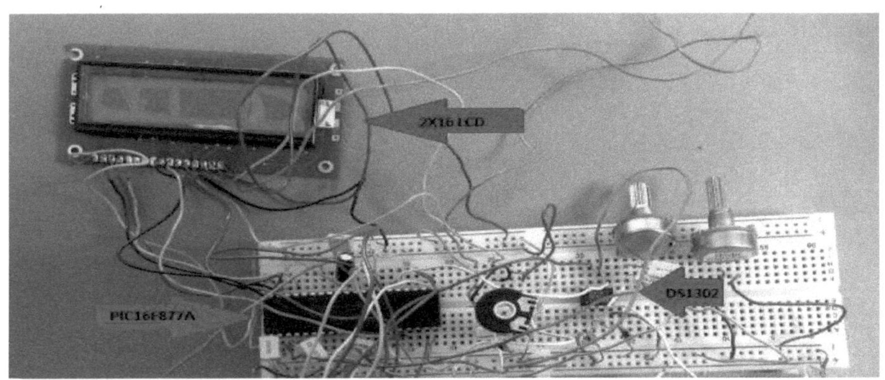

Şekil 6.9. Güneş açıları devresi

İkinci aşamada Bölüm 5.2.4.2'de detaylı olarak anlatılan simülasyon devresi kurulmuştur. Bu devre ile potansiyometrelerin gerilim değerleri ADC birimi ile alınmış, alınan voltaj değerleri açı değerlerine dönüştürülmüş ve LCD ekranına yazdırılmıştır.

Şekil 6.10. Geri besleme devresi

Üçüncü aşamada Bölüm 5.2.5.2'de detaylı olarak anlatılan simülasyon devresi kurulmuştur. Bu devre ile lineer aktüatörler programda istenilen aralıklarda ileri-geri hareket ettirilmiş ve istenilen aralıklarda durdurulmuştur. Çeşitli denemelerden sonra motorların sistem çalışma hızını etkilemeyecek şekilde en ideal bekleme süreleri ile çalıştırılmaları sağlanmıştır.

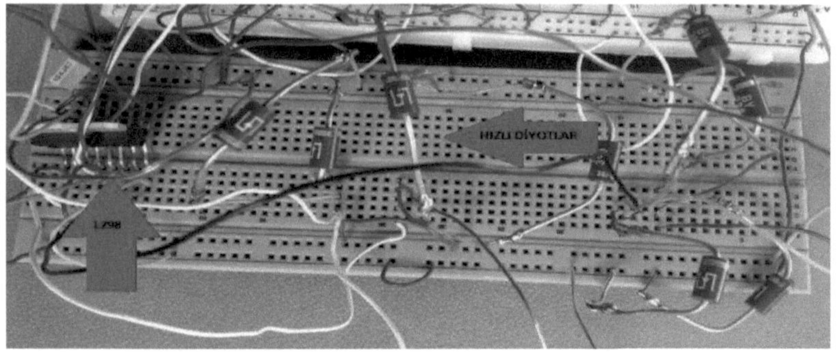

Şekil 6.11. Lineer aktüatör sürücü devresi

Dördüncü aşamada Bölüm 5.2.6'da detaylı olarak anlatılan simülasyon devresi kurulmuştur. Bu devre ile hesaplanan güneş açıları ile panel konum geri beslemesi olan potansiyometrelerden okunan açı değerleri karşılaştırılmıştır. Karşılaştırılan değerler eşitse motorlar durdurulmuş, eşit değilse eşit olana kadar motorlar gerekli yönde hareket ettirilmiştir.

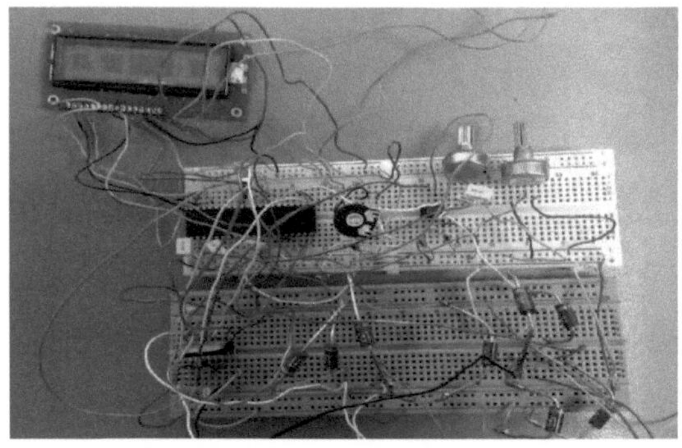

Şekil 6.12. Sistem kontrol devresi

BÖLÜM 7. SONUÇLAR VE ÖNERİLER

Bu çalışmada sensörsüz iki eksen izleyicili bir güneş sistemi tasarlanmış ve gerçeklenmiştir. Sistemin sensörsüz olması hava koşullarından etkilenmemesini, iki eksen izlemesi yüksek verimli olmasını, mikrodenetleyici ile kontrol edilmesi ise düşük maliyetli olmasını sağlamıştır. Sensörsüz güneş takibi için mikrodenetleyiciye güneş denklemleri gömülmüş ve gerçek zaman uygulaması ile güneşin saat başı konumu belirlenmiştir. Sistem hareketi, güneşin konumu ve geri besleme kontrol devresinden gelen panel konumunun mikrodenetleyicide karşılaştırılması ile lineer aktüatörler tarafından sağlanmıştır.

Sistem hareketini sağlayan lineer aktüatörlerin kontrolünün kolay olması ve hızlarının 300 mm/sn gibi düşük bir büyüklükte olması çalışmada kolaylık sağlamıştır. 300 mm/sn panel hareketi için ideal bir hız olduğundan motor hız kontrolüne gerek kalmamıştır. Sistem hareketinin sensörsüz, matematiksel güneş denklemleri ile sağlanması, sistem verimini hava koşullarından bağımsız kılmıştır. Bununla beraber sistemi sensör maliyetinden kurtardığından, sensörsüz sistemler sensörlü sistemlere göre daha az maliyetlidir.

Yapılan bu çalışmanın başlangıç aşamasında tasarlanan iki eksen izleyicili sistem ile sabit bir güneş sisteminin maliyet analizi yapılmıştır. Bir adet güneş paneli ve metal konstrüksiyondan oluşan sabit sistemin maliyeti 318.50 TL olarak hesaplanmıştır. 1 adet güneş paneli, 2 adet lineer aktüatör, 2 adet potansiyometre, 1 adet mikrodenetleyici, yardımcı elektronik elemanlar ve metal konstrüksiyondan oluşan iki eksen izleyicili sistemin maliyeti ise 1,450 TL olarak hesaplanmıştır. Yani iki eksen izleyicili sistemin maliyeti, sabit bir sistemin maliyetinin 4.56 katıdır.

Literatürde bu konu ile ilgili yapılan çalışmalar, güneşin doğuşundan batışına dek tüm saatler göz önünde bulundurulduğunda iki eksen izleyicili sistemlerin, sabit sistemlerle karşılaştırıldığında % 40'a kadar daha verimli olduğunu göstermektedir. Bu durumda sistem ekstra maliyetini kısa zamanda geri ödemekte ve sonrasında kullanıcıya kar sağlamaktadır.

Hareketli sistemlerin iyileştirilmiş bu verimleri ekonomik yönden katkı sağlamakla beraber, çevre ve hava kirliliğinin azalmasına da yardımcı olur. Bu açıdan bu çalışmaya rehberlik eden Ağustos 2008 ve Temmuz 2009 tarihleri arasında Sakarya, Türkiye'de 36 m^2 büyüklüğünde bir odada yapılançalışmada, oluşturulan gün ışığı sistemiyle 1.45 MW enerji tasarrufu yapılmış ve bu enerji tasarrufu ile CO_2 salınımının 943.5 kg azaldığı gözlenmiştir[46].

Sonuç olarak bu çalışmada düşük maliyetli, bakım gerektirmeyen, dünyanın her yerinde kullanılabilen, hava koşullarından etkilenmeyen, yüksek verimli ve akıllı bir fotovoltaik sistem tasarlanmış ve gerçeklenmiştir. Bu çalışmanın amacı yıllık brüt enerji tüketimi 242.4 milyar kWh olan ve bu tüketimin sonunda atmosfere 439.9 milyon ton sera gazı salan Türkiye'de çevre dostu güneş sistemlerinin yaygınlaşmasına küçük bir katkı sağlamaktır.

KAYNAKLAR

[1] KALOGIROU S., Solar Energy Engineering: Processes and Systems, 2009; ISBN-13: 978-0-12-374501-9, Academic Pres.

[2] http://www.enerji.gov.tr/, Erişim Tarihi: 10.09.2012.

[3] Avrupa Fotovoltaik Endüstrisi Kurumu [EPIA], Solar Generation V-2008, Global Market Outlook for Photovoltaics Until 2012, 2008.

[4] http://www.solarbuzz.com, Erişim Tarihi: 15-01-2010.

[5] AL-MOHAMMAD A., Efficiency improvements of photo-voltaic panels using a Sun-tracking system, Applied Energy 79 (2004) 345–354.

[6] ROTH P., GEORGIEV A., BOUDINOV H., Cheap Two Axis Sun Following Device, Energy Conversion and Management 46 (2005) 1179-1192.

[7] DUARTE F., GASPAR P.D., GONÇALVES L.C., Two Axes Solar Tracker Based on Solar Maps, Controlled by a Low-Power Microcontroller, Journal of Energy and Power Engineering 5 (2011) 671-676.

[8] HASSAN I., KHAN N., ISLAM K., Two Axis Sensorless Solar Tracking System .

[9] VISCONTI P., VENTURA V., TEMPESTA F., ROMANELLO D., CAVALERA G., Electronic system for improvement of solar plant efficiency by optimized algorithm implemented in biaxial solar trackers, 978-1-4244-8782-0/11/$26.00 ©2011 IEEE.

[10] VATAŞESCU M., DIACONESCU D., Clean Energy Response of PV Systems with Azimuth and Pseudo-Equatorial Tracking, Environmental Engineering and Management Journal 10(2011), 9, 1395-1406.

[11] ABDALLAH S., BADRANB O.O, Sun tracking system for productivity enhancement of solar stil, accepted 25 February 2007 Science Direct.

[12] CHIN C.S., BABU A., McBRIDE W., Design, modeling and testing of a standalone single axis active solar tracker using MATLAB/Simulink, Renewable Energy 36 (2011) 3075e3090.

[13] BAKIRCI K., General models for optimum tilt angles of solar panels: Turkey case study, Renewable and Sustainable Energy Reviews 16 (2012) 6149–6159.

[14] CHONG K.K., WONG C.W., General formula for on-axis sun-tracking system and its application in improving tracking accuracy of solar collector, Science Direct Solar Energy 83 (2009) 298–305.

[15] SEME S., STUMBERGER G., A novel prediction algorithm for solar angles using solar radiation and Differential Evolution for dual-axis sun tracking purposes, Science Direct Solar Energy 85 (2011) 2757–2770.

[16] EKE R., SENTURK A., Performance comparison of a double-axis sun tracking versus fixed PV system, Science Direct Solar Energy 86 (2012) 2665–2672.

[17] ABU-MOLAH R., ABDALLAH S., MUSLIH I.M., Design, construction and operation of spherical solar cooker with automatic sun tracking system, Energy Conversion and Management 52 (2011) 615–620.

[18] SEFA I., DEMIRTAS M., ÇOLAK I., Application of one-axis sun tracking system, Energy Conversion and Management 50 (2009) 2709–2718.

[19] TINA M., ARCIDIACONO F., GAGLIANO A., Intelligent sun-tracking system based on multiple photodiode sensors for maximisation of photovoltaic energy production, Mathematics and Computers in Simulation, (2012).

[20] SUNGUR C., Multi-axes sun-tracking system with PLC control for photovoltaic
panels in Turkey, Renewable Energy 34 (2009) 1119–1125.

[21] AL-HADDAD M.K., HASSAN S.S., Low Cost Automatic Sun Path Tracking System, Numberl Volume 17 February 2011 Journal of Engineering.

[22] LEE C., CHOU P., CHIANG C., LIN C., Tracking Systems: A Review, Sensors 2009, 9, 3875-3890; doi:10.3390/s90503875.

[23] CHONG K., WONG C., SIAW F., YEW T.,NG S., LIANG M., LIM Y., LAU S., Integration of an On-Axis General Sun-Tracking Formula in the Algorithm of an Open-Loop Sun-Tracking System, Sensors 2009, 9, 7849-7865; doi:10.3390/s91007849.

[24] REBHI M., SELLAM M., BELGHACHI A., KADRI B., Conception and Realization of Sun Tracking System in the South-West of Algeria, Applied Physics Research Vol. 2, No. 1, May 2010.

[25] RUSTEMLI S., DINCADAM F., DEMIRTAS M., Performans Comparison of the Sun Tracking System and Fixed System in the Application of Heating and Lighting, The Arabian Joumal for Science and Engineering, Volume 35, Number 2B.

[26] MAHMOOD J.R., MUHAMMED H., Design and Implementation of Smart Relay Based Two-Axis Sun Tracking System, Iraq J. Electrical and Electronic Engineering Vol.7 No.1, 2011.

[27] AGARWAL S., PAL S., Design, Development and Testing of a PC Based One Axis Sun Tracking System for Maximum Efficiency, Sensors & Transducers Journal, Vol. 131, Issue 8, August 2011, pp. 75-82.

[28] COSTA C., PINA L., BOTTO M.A., Collective Optimization of Sun-Tracking Trajectories, 7th ınternational conference on concentrating photovoltaic systems 2011 American Enstitute of Physics.

[29] KIM Y.S., WINSTON R., Unbounded Binary Search for a Fast and Accurate Maximum Power Point Tracking, 7th ınternational conference on concentrating photovoltaic systems 2011 American Enstitute of Physics.

[30] WANG J., LU C., Design and Implementation of a Sun Tracker with a Dual-Axis Single Motor for an Optical Sensor-Based Photovoltaic System, Sensors 2013, 13, 3157-3168; doi:10.3390/s130303157.

[31] SZOKOLAY S., Solar Geometry.

[32] YUNG C.S., LANSING F.L., Rates of Solar Angles for Two-Axis Concentrators,.

[33] AHMAD M.J., TIWARI G.N., Optimization of Tilt Angle for Solar Collector to Receive Maximum Radiation, The Open Renewable Energy Journal, 2009, 2, 19-24.

[34] http://www.civicsolar.com/resource/effect-array-tilt-angle-energy-output.

[35] http://www.civicsolar.com/resource/effect-azimuth-angle-energy-output.

[36] MORCOS V.H.,Optimum tilt angle and orientation for solar collectors in Assiut, Egypt, Renewable Energy,Volume 4,Issue 3,April 1994,Pages 291-298.

[37] KINAY O.,Güneş enerjisi 2.bölüm.

[38] ARIFOGLU B., ÇAMUR S., KANDEMİR BEŞER E., BEŞER E., Güneş Panellerinin Üretim Kapasitesini Arttıracak Güneşi Takip Edebilen Güneş Panel Sisteminin Prototipi.

[39] www.microchip.com/downloads/en/devicedoc/39582.pdf.

[40] www.microchip.com/downloads/en/devicedoc/51519.pdf.

[41] pdf1.alldatasheet.com/datasheet-pdf/view/58478/DALLAS/DS1302.html

[42] www.fxdev.org.

[43] www.datasheetarchive.com.

[44] http://ieee.itu.edu.tr/lab/hbridge.pdf.

[45] pdf1.alldatasheet.com/datasheetpdf/view/22437/STMICROELECTRONIC S/L298.html

[46] YAVUZ C., AKSOY C., How to Prevent Greenhouse Gas Emissions in Electrical Installations: Lighting Energy Savings and Solar Energy Approaches, Journal of International Scientific Publication: Ecology & Safety-MMT, Volume 6, Part 1.

Printed by Books on Demand GmbH, Norderstedt / Germany